面向 21 世纪的绿色地质勘查
——方法原理与应用实例

Methodological Principles and Application Cases of Green Geological Exploration in the 21st Century

杨文采　夏江海　田　钢　徐义贤　等著

图书在版编目(CIP)数据

面向 21 世纪的绿色地质勘查——方法原理与应用实例/杨文采等著.—武汉:中国地质大学出版社,2025.6.—ISBN 978-7-5625-6210-8

Ⅰ.P624

中国国家版本馆 CIP 数据核字第 2025273W7M 号

面向 21 世纪的绿色地质勘查 ——方法原理与应用实例	杨文采 夏江海 田 钢 徐义贤 赵文轲 王帮兵 程 逢 杨 波 宓彬彬 石战结	著

责任编辑:韩 骑　　　　　选题策划:韩 骑　　　　　责任校对:宋巧娥

出版发行:中国地质大学出版社(武汉市洪山区鲁磨路 388 号)	邮编:430074
电　　话:(027)67883511　　传　　真:(027)67883580	E-mail:cbb@cug.edu.cn
经　　销:全国新华书店	https://cugp.cug.edu.cn
开本:787mm×1092mm　1/16	字数:207 千字　　印张:8.5
版次:2025 年 6 月第 1 版	印次:2025 年 6 月第 1 次印刷
印刷:武汉中远印务有限公司	
ISBN 978-7-5625-6210-8	定价:158.00 元

如有印装质量问题请与印刷厂联系调换

感　谢

中国科学院学部工作局

浙江省工程物探勘察设计院有限公司院士工作站

对本书出版的赞助

前　言

当前，中国人民正在努力实现经济全面绿色转型，创建人与自然和谐共生的现代化社会。地质勘查力求查明地球能源资源、地壳环境和地质灾害隐患，是支撑社会可持续发展的重要事业之一。绿色地质勘查的目标是在生态环境保护原则的指导下，促进自然资源的合理与科学利用，确保国民经济和社会的可持续发展。绿色经济发展的一个重要方面是以资源环境的刚性约束推动传统产业结构的调整与改造，开创高质量发展的新局面。我们要把绿色发展的理念融入资源能源勘探和开发的每一个环节，构建绿色低碳、节能增效的绿色勘查方法技术体系。地质勘查是工业生产链的领头环节，是上游产业运行的物质基础。以创新方法技术驱动引领，全面提升地质勘查绿色化的水平，对保护资源和发展新时代的绿色工业有重要意义。

地球是全人类赖以生存的唯一家园，中华民族的伟大复兴，要求我们创新绿色地质勘查的现代方法技术，推动实现更高质量、更加安全可靠和可持续发展的上游工业产业，为中国高质量的现代化贡献智慧和力量，同时为人类命运共同体的和谐发展做出中国贡献。改革开放40年来，我国制造工业发展迅速，已经进入了世界创新型制造强国行列。处于上游的地质勘查必须将绿色发展贯穿资源能源勘探开发的全过程，通过创新方法技术驱动引领，构建绿色低碳、节能增效的可持续发展体系，从而全面提升绿色地质勘查的水平。

地质勘查关联国民经济发展和人民生活的许多方面，在坚持生态环境保护与生态环境建设大需求的形势下，中国式现代化的关键在科技现代化。为落实生态环境保护和国家战略资源安全政策，浙江大学地球科学学院把地下空间调查和绿色地质勘查作为科学研究优先方向，在中国科学院学部和浙江省科技局项目的支持下，开展了绿色地质勘查方法技术应用研究，本书即介绍多年研究取得的成果。

感谢项目组全体同志的刻苦努力，全力以赴地完成了项目的任务和目标。感谢浙江大学的大力支持和多方协助。感谢中国科学院学部和浙江省科技局对项目的重视和帮助，也感谢全国地球科学领域的院士专家，他们与我的学术讨论和思想交流常常给我重要的启发和教益。最后，祝中国的地球科学研究和绿色地质勘查事业快速发展，走在全球的前列。

中国科学院院士、浙江大学教授
2024 年 9 月 10 日

目 录

1 时代的需求与创新发展绿色地质勘查的方法 …………………………………… (1)
   1.1 改善人居环境对地质调查的限制 ………………………………………… (1)
   1.2 中下游工业发展改变地球资源的内容 …………………………………… (2)
   1.3 优质土壤和土地的紧缺 …………………………………………………… (3)
   1.4 地下空间资源利用需求大增 ……………………………………………… (5)
   1.5 结合中国特点发展绿色地质勘查理论和方法 …………………………… (6)
   1.6 减轻地质勘查对环境污染的途径 ………………………………………… (8)
   1.7 灵活、快速和精准的城镇空间资源调查 ………………………………… (9)
   1.8 浅地表快速和精准的无人机调查 ………………………………………… (11)
   1.9 干旱区地下水资源量的电测评估 ………………………………………… (12)
   1.10 滑坡与城镇地灾隐患排查和监测 ……………………………………… (14)
   1.11 利用高铁等资源的勘探与监测 ………………………………………… (18)
   1.12 多源地震面波探测 ……………………………………………………… (27)

2 城市多源地震面波探测与地下成像 …………………………………………… (30)
   2.1 面波勘探原理 ……………………………………………………………… (31)
   2.2 城镇环境面波数据采集方式 ……………………………………………… (34)
   2.3 数据处理方法 ……………………………………………………………… (34)
   2.4 面波数据反演技术 ………………………………………………………… (36)
   2.5 最新应用实例 ……………………………………………………………… (38)

3 反射地震探地镜 ………………………………………………………………… (47)
   3.1 探测原理 …………………………………………………………………… (47)
   3.2 层速度快速反演 …………………………………………………………… (52)
   3.3 应用目标和难点 …………………………………………………………… (55)
   3.4 方法技术创新要点 ………………………………………………………… (56)
   3.5 最新应用 …………………………………………………………………… (56)

4 三维与四维地震体波层析成像 ………………………………………………… (62)
   4.1 方法简介 …………………………………………………………………… (62)
   4.2 相关应用 …………………………………………………………………… (64)

5 城镇随机分布式高密度电法勘探 ……………………………………………… (67)
   5.1 方法原理 …………………………………………………………………… (67)
   5.2 传统高密度电法面临的问题 ……………………………………………… (69)

  5.3 方法技术创新要点 ………………………………………………………… (70)
  5.4 最新应用实例 …………………………………………………………… (75)
6 大地电磁三维电阻率成像 ………………………………………………………… (80)
  6.1 方法原理 ………………………………………………………………… (80)
  6.2 最新应用实例 …………………………………………………………… (81)
7 探地雷达与灾害隐患排查 ………………………………………………………… (87)
  7.1 面向滑坡探测的探地雷达正演模拟 …………………………………… (87)
  7.2 多频探地雷达数据融合 ………………………………………………… (90)
  7.3 探地雷达智能探测 ……………………………………………………… (94)
8 应用光缆的智能感知和地下工程监测 ………………………………………… (98)
  8.1 DAS 应用原理 …………………………………………………………… (98)
  8.2 DAS 工作原理 ………………………………………………………… (100)
  8.3 在探测与监测工程中的应用 ………………………………………… (105)
  8.4 DAS 技术未来展望 …………………………………………………… (110)
主要参考文献 …………………………………………………………………………… (111)
结束语 …………………………………………………………………………………… (127)

1 时代的需求与创新发展 绿色地质勘查的方法

人类从农业文明转向工业文明,在大力开发地球资源的基础上,把地球表面的一部分变成了高效生产的人造世界。但是,人造世界的工业化和城市化使得全球化石能源的消费激增,造成地球表面大气圈、水圈和岩石圈的污染,使全球变暖、海平面上升,引发极端天气、疫病滋生、生物链断裂等事件。下面,本章就现代社会的快速发展所带来的地球环境与生态问题进行讨论,同时提出了一些解决方案。

1.1 改善人居环境对地质调查的限制

传统地质勘查工作,主要是槽探和钻探,给生态环境带来一系列影响[图 1-1(b)、(c)],如对植被和地貌的扰动或破坏,对地表水、地下水的影响,场地和通路占地、油污污染、废弃物、扬尘等。实行绿色勘查可以从源头上保护生态环境,减少植被破坏、降低环境污染和提高生态恢复治理效益,实现资源的绿色开发、绿色应用和绿色发展[图 1-1(a)]。

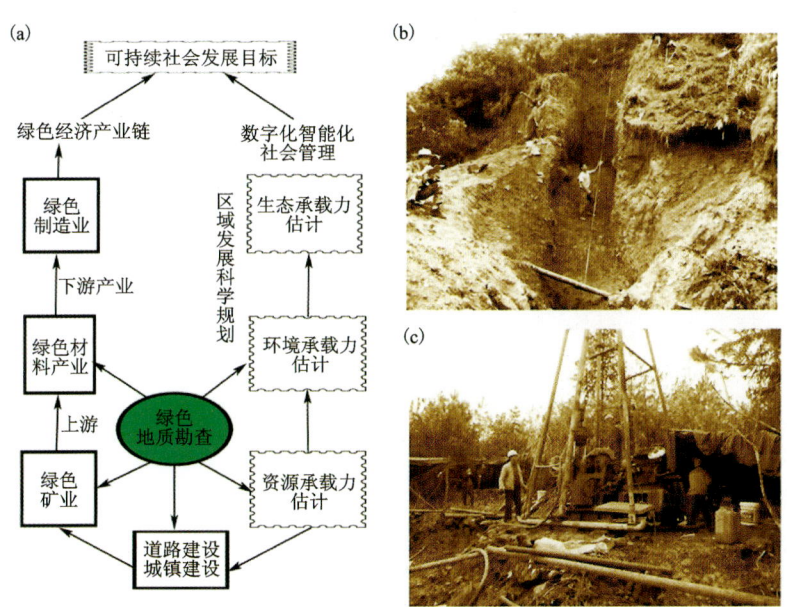

图 1-1 绿色地质勘查优势和传统地质勘查破坏情况
(a)绿色地质勘查与社会经济发展关系示意图;(b)槽探对植被的破坏;(c)钻探不仅破坏植被,还有漏油和废弃物等污染问题

以现代技术为基础发展起来的地球物理探测方法,可根据矿体的物理化学特征和与围岩的相互关联,用现代仪器快速圈定隐伏矿体的位置、形状与体积。地球物理勘探不仅具有高效、快速、深穿透和高分辨等特点,而且对自然环境的影响很小,尤其适合大型成矿区(带)及矿床的发现与规模评价,是绿色地质勘查方法技术现代化的主要途径。中国经济高速发展使我国成为全球钢铁、煤炭的第一大生产国,也增加了我国对铁、铜及多金属矿产资源的需求。中国特有的稀土和稀散矿藏,也成为世界高科技新质生产力的重要资源。我们应该以绿色发展理念为引领,创新地球物理和地球化学调查的方法技术,通过运用先进的勘查方法、设备和技术,最大限度地减少对生态环境的干扰,迅速查明国内外地下资源的远景储量,增强全球绿色经济长期稳定发展的力量。

1.2　中下游工业发展改变地球资源的内容

自然资源是一个相对的概念,随着社会生产力的提高和科学技术的进步,人类不断发现和利用新的天然材料;自然资源的种类日益增多,自然资源的概念也不断深化和发展。传统的地球资源包括土地资源、能源和矿产资源、淡水资源和生物资源。我国陆地的地质构造不同于欧美地区,显生宙前的地层出露面积比较小,显生宙地层覆盖面积大,中新生代地壳运动剧烈,岩浆活动频繁。因此,中国的矿物和土壤资源有其独有的特点,传统工业的铁、铜、铝矿石和石油天然气需要大量进口,但是,中国在信息时代的新矿物资源储存方面,具有明显优势。

近年来,海洋资源、新材料矿物资源、空间资源和生态旅游资源等,越来越受到各国重视。随着现代科技的快速发展,新材料矿物资源成为各国发展战略中的一项重要组成要素(曾昆等,2022;王路等,2022;吴一丁等,2023)。我国可以大力开发和生产信息时代需求的新材料,如新型半导体材料、光电子微电子材料、先进储能材料、磁性材料、高性能纤维及复合材料、碳纤维及石墨烯等先进碳材料、碳基材料等先进的电子材料、化工材料、生物医用材料等。这些新材料来源于稀土、稀有和非金属矿物,它们正是中国的优势矿藏。

有人认为,由于矿产资源不断被发现,矿会变得越来越难找,因而找矿的成本就应该越来越高。对于传统找矿理论与方法来说,矿的确会越来越难找。但是由于找矿方法技术的发展,仪器灵敏度与分析技术水平越来越高,找矿的成本却可以越来越低,这就是矿产勘查方法技术现代化的关键所在。找矿勘探效率与效益的提高是矿产勘查现代化的主要标志。由于我国有丰富的制造稀土功能材料、氟硅新材料和先进陶瓷材料的矿物资源[图1-2(a)],只要研发先进的地质调查方法技术,就可以在新方法技术研发的基础上,为国家发展提供重要支撑作用。

除了固体矿物资源外,地球内部能源资源的利用也日益受到重视(陈伟等,2020;杨文采,2024)。近年来中国四川威远和塔里木巴什托的地质勘探发现了富氦气田,在安徽无为盆地的钻探中(方朝刚等,2023),发现了氦气含量达7%的地层[图1-2(b)]。地球形成时含有大量的氢气,在地壳形成后有部分被封存在地幔和地核中,在极端高温高压下会合成为氦气。现在,氢气已经成为和电力一样的能源,如果将天然氦气分解为氢,人类社会需要的清洁能源结构将会发生根本性改变。

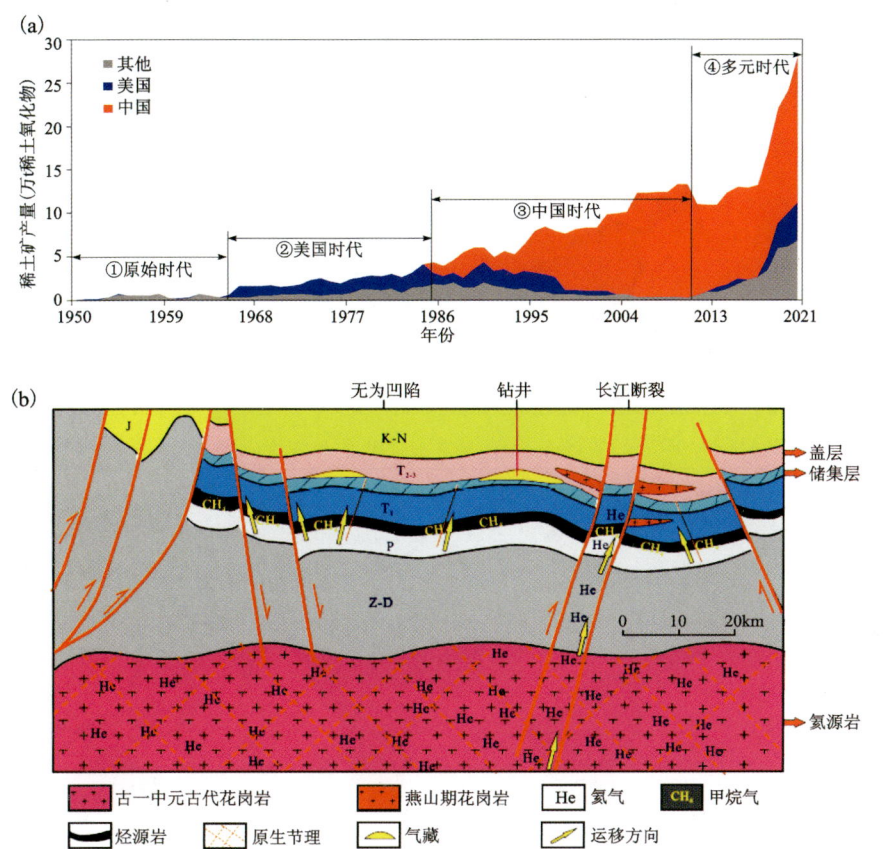

图 1-2 全球 1950—2021 年稀土矿生产格局演变(a)和安徽无为盆地发现的氦气成藏模式(b)

(方朝刚等,2023;成矿物质从地壳深部沿断裂带上涌,在有利储集层储存成藏)

1.3 优质土壤和土地的紧缺

土地资源现在仍然是人类生存所依赖的基本自然资源,是支撑人类生存的物质基础。

土地与气候是保障农牧业生产力的两大要素。在 21 世纪全球气候变暖的大趋势下,我国北方陆上气候趋向干旱化,会使优质土壤资源萎缩(图 1-3)。由于大多数城镇都是建设在交通便利的沉积盆地内,城镇的扩张必定会占用盆地中优质的农用土地,加剧优质软土资源的萎缩,威胁以 18 亿亩(1 亩≈666.67m²)耕地为核心的粮食生产安全空间。

我国北方陆上气候趋向干旱化首先会使降雨量减小,使地表水缺失(图 1-4)。因此,地下淡水的储量调查和保护对可持续发展变得更加重要。现在,西北和华北的水资源短缺问题已经得到政府的高度重视,政府完成了东线和中线的"南水北调"工程,缓解了干旱化造成的部分后果。不幸的是,21 世纪后半期陆上气候干旱化将进一步加剧,加强西北和华北的地下淡水资源的调查和保护很有必要。

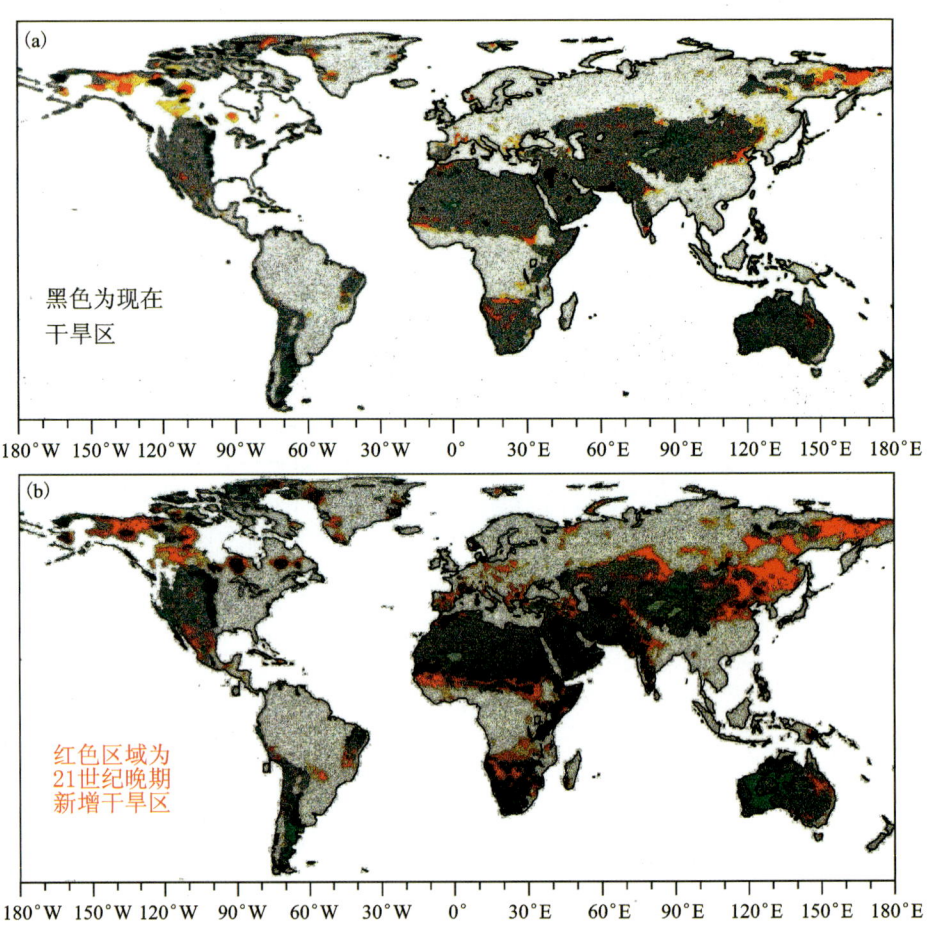

图 1-3 现今全球干旱区(a)与预测 21 世纪末全球干旱区(b)的对比图

(在全球变暖的作用下,由于太平洋季风的弱化,我国北方会发展成全球面积最大的新干旱区)

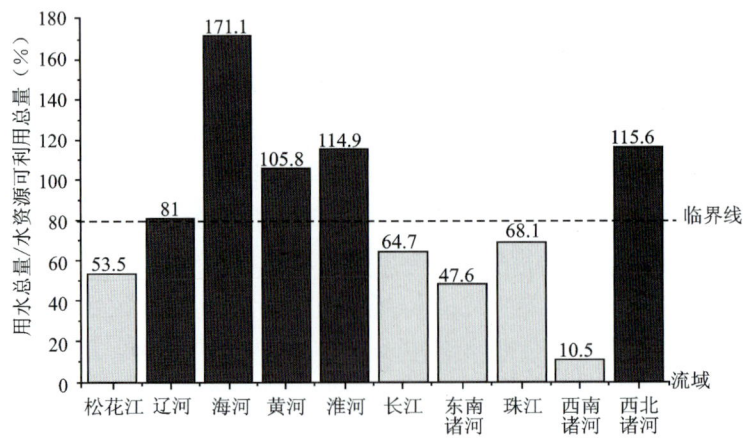

图 1-4 我国主要地区水资源开发利用形势

(北方所有区域用水总量都超过临界线,南方多数区域用水总量接近临界线)

1.4 地下空间资源利用需求大增

早在2000年前的汉代,古人就开始建设地下人居空间,浙江省龙游地下石窟群就是一例(图1-5)。随着现代化发展和国际竞争形势的变化,地下空间资源利用的需求大增,表现在以下4个方面。第一,城市发展需要大量建设用地,推动城市地下空间利用是减少用地压力最直接和最经济的做法。第二,工业对地下空间有大量需求。不仅农业、采矿业、水电站和物流网对地下空间有迫切的需求,目前正在推行的压缩空气储能、

图1-5 浙江省龙游地下石窟群(50座建设在汉代的人居空间)

压缩水力储能和沿海地下石油库等能源储存也对地下空间产生迫切需求(图1-6)。煤炭地下气化是一种利用可控的燃烧技术,将煤炭在地下直接通过不完全燃烧而转化为可燃烧气体(H_2、CO、CH_4等)的化学开采方法,对地下空间也有严格的要求。第三,生态环境事业对地下空间也有大量需求,如工业和医疗废物封存、碳封存与放射性物质封存等(张舟和张宏福,2012;李万伦等,2022)。第四,许多大型科学装置的建设对地下空间也有严格的要求。在珠三角建设的中微子实验室,主体结构在地下700m,可见地下空间已经成为国家发展不可小视

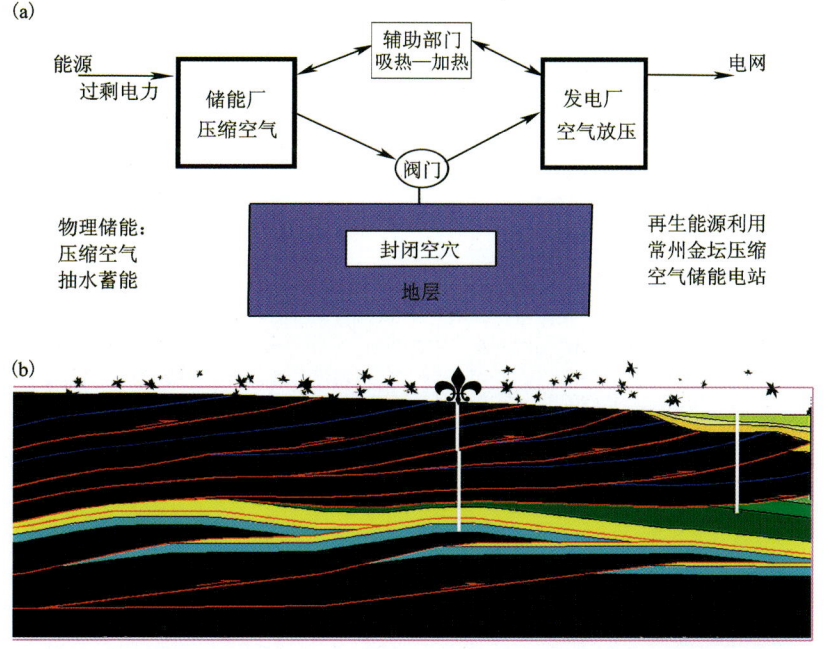

图1-6 压缩空气储能电站结构框图(a)和CO_2地下封存与监测剖面图(b)
(它们的关键都在于建设地下的封闭空穴,最好的地质构造是地下盐丘)

的重要资源(图1-7)。2023年12月7日,中国锦屏地下实验室二期建设完工,投入科学运行。此实验室位于地下2400m处,地下可用空间33万m³,成为世界最大的地下科学城,表明建筑地下城市已经由梦想变为现实。

图1-7 位于地下的中国科学院中微子实验室

1.5 结合中国特点发展绿色地质勘查理论和方法

绿色地质勘查的全面实行是人类文明的新举措,标志着上、中、下游的全部工业链完成了绿色化改造,人类社会将进入绿色经济的新时代。当然,绿色地质勘查的全面实现也是一项艰巨的任务,需要政府、产业界和科技界共同的努力,尤其是地方政府对所在区域的资源和环境的承载力,要开展一定的调查,制订城乡发展规划(图1-8)。

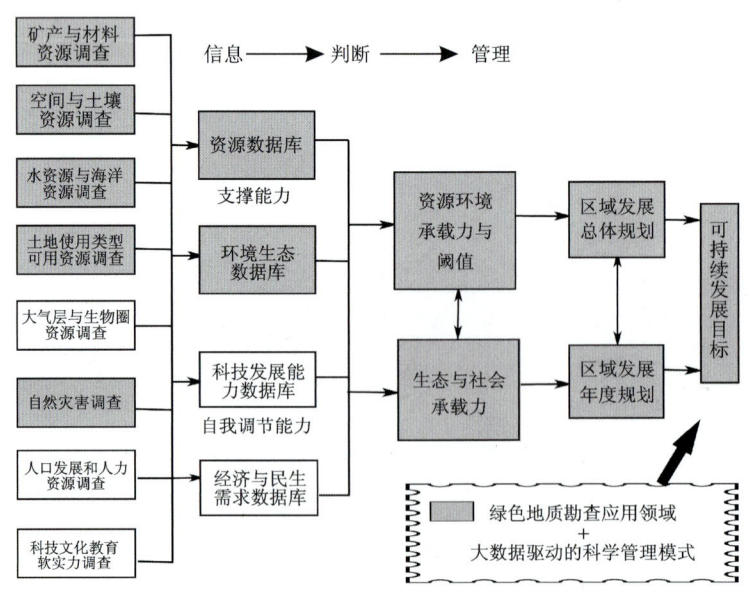

图1-8 区域资源和环境承载力调查流程图

绿色地质勘查的目标是在生态环境保护原则的指导下,促进自然资源的合理、科学利用,确保国民经济和社会的可持续发展,这是时代对人类社会的要求。在努力实现全面绿色地质勘查革新的过程中,结合中国特殊地质构造的绿色地质勘查方法技术的创新非常重要。中国有青藏高原等独特的自然环境和中新生代特殊的地壳运动模式[图1-9(a)],大气和地球内部物质运动的规律都与欧美等地有所区别,不能完全照搬西方的地球动力学理论来创立中国的绿色地质勘查方法技术。我们要结合中国的气候和资源特点来发展绿色地质勘探理论和方法,并对地球科学的发展做出贡献。

我国疆域辽阔,约有70%为山地,因独特的地质构造环境,成为全球发生滑坡灾害最严重的地区[图1-9(b)]。随着大规模工程建设活动的开展,人类活动又加剧了相关地质灾害。滑坡的发育主要受地形地貌、地层岩性、水文条件及地质构造等因素制约,同时又受人为作用的诱导。为综合预测和评价滑坡的孕育过程,更好地控制和治理滑坡地质灾害,首先需要勘察滑坡面的埋深位置和滑坡体的分布特征。滑坡体下滑时与母体之间的分界面称为滑坡面,它是绿色地质勘查研究的目标之一。

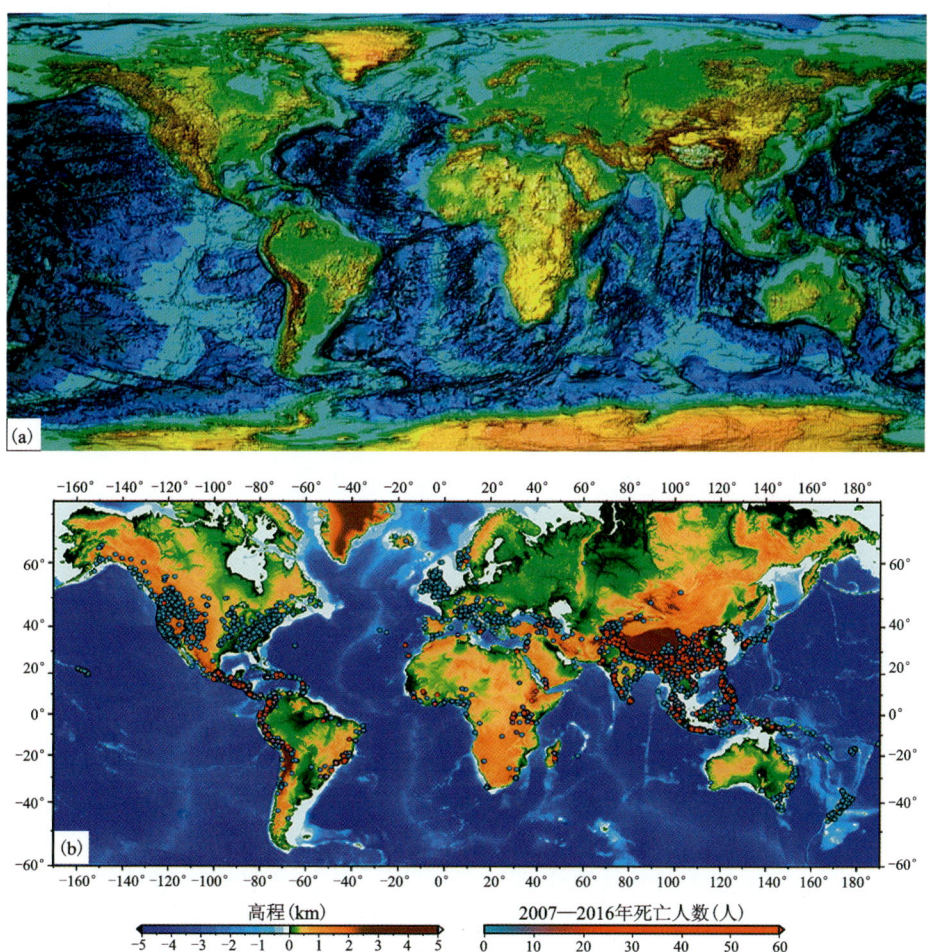

图1-9 全球地貌图(a)和独特地貌引起频繁的滑坡灾害(红色圆圈)全球分布图(b)
(引自全球山体滑坡目录,中国是全球发生滑坡灾害最严重的地区)

钻探、槽探、坑探等传统调查方法，不仅存在施工造成环境污染、成本高及效率较低等问题，而且很难获取滑坡面整体发育的情况。随着基础研究和信号采集处理等方面的进步，遥感遥测和浅地表地球物理探测在滑坡的勘察研究中逐渐变得重要，尤其是浅地表地球物理探测技术具有安全、经济和无损的特点，使其得到广泛应用。例如，地震勘探法可用于基岩面、断裂带、滑坡软弱带或软弱夹层、滑坡面埋深、滑坡体堆积形态和结构特征的探测研究；电阻率法基于岩土体的导电性差异，通过探测地下半空间中传导电流的分布，来研究岩土性质（如岩石风化、破碎或裂缝）、含水量、黏土带和饱水带特征。此外，探地雷达具有快捷、简单、抗干扰和场地适应能力强等优势，也是开展滑坡调查重要而有效的工具。该方法通过分析地下介质的电性和磁性变化引起的电磁波的散射和反射，可以获取地下介质信息，研究滑坡体内部结构、滑动面形态和深度变化，以及局部富水性等地质信息。近年来，探地雷达在识别滑坡体内部结构时，已逐渐采用机器学习等方法。

1.6　减轻地质勘查对环境污染的途径

传统地质勘查给生态环境带来的污染，主要表现在槽探和钻探工程（图1-1），绿色地质勘查改革的主要方向即是要尽量排除使用槽探工程，大幅度减少钻探工程的工作量，详见中国矿业联合会发布的《绿色勘查指南》(T/CMAS 0001—2018)。从目前的科学技术发展看，实现这个目标是完全可能的。用浅钻代替槽探，可以大大减少地表开挖面积和体积。目前发明的污染很少的浅层轻型钻机，可应用于地表高密度的浅埋岩石的取样，代替槽探对基岩的揭露。"一基多孔、一孔多支"的技术，即在一个钻机基台上利用定向钻进技术施工多个钻孔，或在一个钻孔内再施工许多个分支孔，可以在减少钻孔的同时达到揭露不同地层、不同层位矿体的目的。因此，在钻探工程方面，采用一孔多钻、水平钻探等新技术，也可以减少钻探工程的污染。

在地质勘查中完全取消钻探是不可能的，因为矿产储量的计算必须要有地下岩矿化学成分的数据，它们只能通过岩芯的化学分析才能取得。但是，如果能够对地下目标进行三维的层析成像，钻探工程的工作量就可以大幅度减少，至少可以减少一半。此外，地质勘查数据库的建设也非常重要。以城市发展为例，软土层和空间资源对城市可持续发展的支撑很重要。软土到基岩层深度和属性数据是了解软土和空间资源的基础，这些数据主要来自浅层地球物理调查。

与医学中的CT和B超检测类似，地球物理属于勘查地球内部信息的绿色方法技术，需要大力提倡。地球物理方法包括反射地震方法、地震体波成像方法、地震面波勘探方法、大地电磁方法等。人工场电磁探测方法、重力勘探和磁力勘探方法等，能够对地下介质的地震波速扰动、密度扰动、电阻率和磁性变化进行三维成像，间接了解地下物质成分、地质构造和流体分布（图1-10）。与少量钻探工程配合，它们还可以计算探测目标的体量和储量，成为绿色地质勘查的主导方法技术。近年来，随着电子技术和数字化测量仪器的发展，无人机调查和人工智能数字处理等多种新技术也在地球物理探测方法中得到应用，推动着绿色地质勘查的实现。

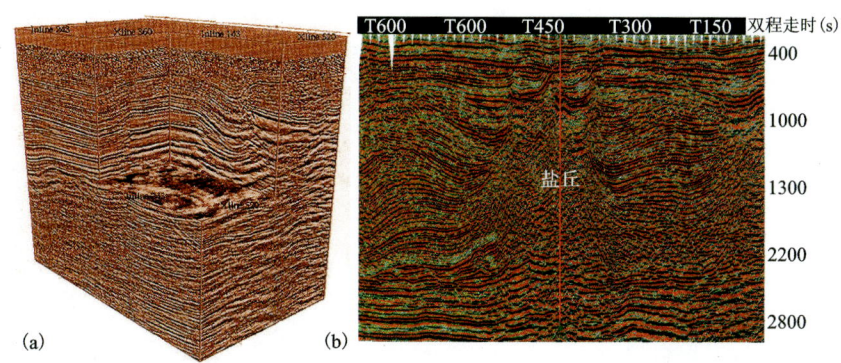

图 1-10 背斜型油气储层圈闭反射地震三维数据体(a)和地下盐丘反射地震剖面(b)
(盐丘是下方油气藏的盖层,材质均匀的盐丘内只有弱反射能量)

1.7 灵活、快速和精准的城镇空间资源调查

人类生活在土地上,土地是人类社会的第一资源;寸土必争,大部分的战争都与争夺土地资源有关。土地资源实际上分为软土层、地下基岩层和地上空间3个部分。软土层包括地表下所有未结晶的沙土层,是重要的资源之一,因为即使在干旱沙漠的无人区,土地资源也可以用来布设光电板,吸收太阳光发电。沙漠的地下空间不仅可能有石油天然气等矿产资源,还可以用于封埋放射性废料和二氧化碳。含水的软土层在地球生态系统中具有更重要的地位,它不仅对动植物生长和营养供应至关重要,而且是陆地与大气之间物质、能量调节器和自然缓冲区。

随着世界人口的增长,对软土层资源的调查和合理利用规划已受到各国的普遍重视。软土层类型众多,资源很丰富,利用潜力巨大。但是,随着工业化和城市化的发展,平原和盆地的宜农优质软土层资源越来越少,寸土寸金的发展趋势使城市可持续发展难上加难。解决的方向只有向高空发展,而高楼建筑又依靠地基的厚度和承重能力,因此,城市发展要求有精确的岩土层调查数据库(杨文采等,2019a)。

在非沙漠地区,天然软土层通常可分为5层(图1-11a)。含大量有机质的有机质层,风化淋漓形成的未胶结的淋溶层,这两个层位都是地震波速慢、不能承重的层位。淀积层是部分胶结的黏土层,是地震波速比较快、能承重的层位,它下面的风化层,是地震波速慢不能承重的层位。最下方是坚硬的基岩层,如果它的埋藏深度不大,是建筑百层高楼最好的地基。香港成为世界城市空间利用效率最高的城市,就是因为岛上有浅埋的基岩层。上海市政府了解软土层分层结构数据的重要性,在20年前就建立了软土层分层属性数据库,但是现在中国还只有很少的城市建立了软土层属性数据库。反射地震方法用于取得软土层的地震波速和深度的数据,是建立软土层属性数据库的高效绿色勘查方法。从图1-11(b)中可见,不仅岩土层间的分界面有清晰的反射信号,黏土层中的洞穴也有清晰的反射信号,反射地震法可用于建立软土层属性数据库。浙江大学地球物理研究所为快速高效建立城市软土层属性数据库,发明了反射地震探地镜方法技术,详见本书第3章。

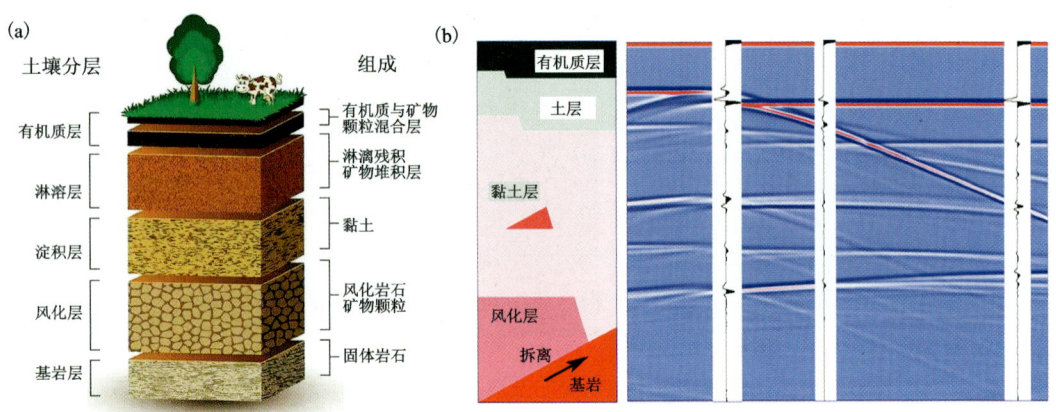

图 1-11 天然软土层分层示意图(a)和反射地震模拟结果(b)

随着中国经济的快速发展,人口越来越向城市集中,中国已进入城市型国家行列。为解决居住、工业和交通用地问题,城市建设在往空中和地下发展,向地下和高空争取更多的空间资源。目前,特区建设已经很重视地下空间的调查与利用问题,例如,对于河北雄安特区的开发,政府部门就专门公布了城市建设的空间利用范式,强调了高层建设的基础承重层调查和软土层开发的重要性。苏州市也提出了全面利用地下空间的设想(图 1-12),把地下空间分为浅层、次浅层、次深层和深层 4 个层级,分别规定了用途。

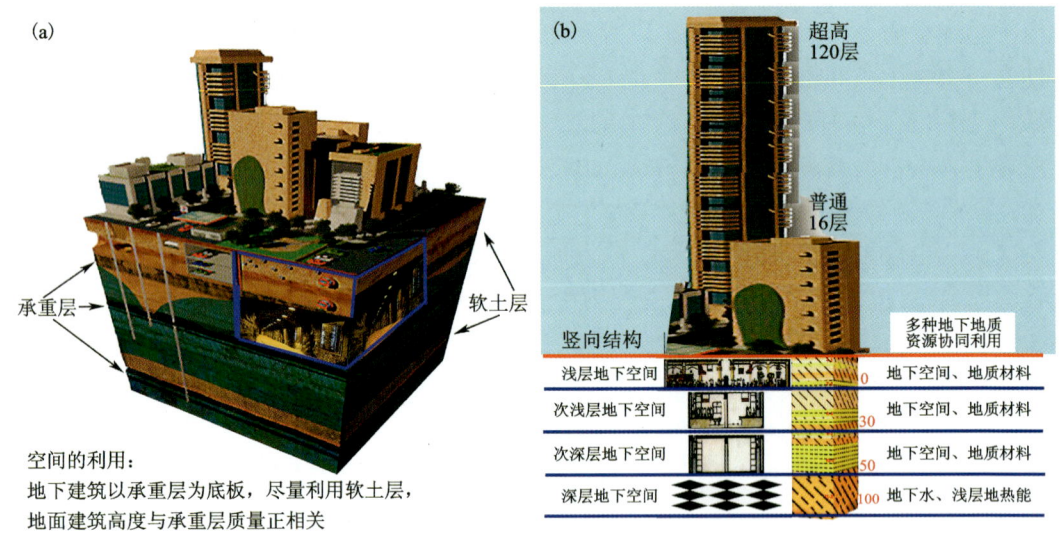

图 1-12 苏州市城市建设的空间利用范式(a)和全面利用地下空间的规划(b)

苏州市采用地下地质资源协同开发利用的新理念,具有普遍推广的意义(瞿婧晶等,2023)。协同开发利用理念能优化当下城市快速发展过程中城市群结构和空间布局。普遍存在的地下地质资源主要包括地下空间、地下水、浅层地热能和地质材料资源。它们共存于一个地下地质环境中,彼此相互联系又相互制约,以单一的模式进行开发,往往会对其他资源和环境产生不良影响,还易对后期的发展构成障碍。比如,地下空间和浅层地热能在同时开发时可能存在空间位置冲突,地下空间的开发可能造成地下水的水位、水量、水质以及渗流路径的改变等。协同开发利用通过地下资源的详细调查,可优化资源综合调配体系,从而实现科学有序的资源开发利用格局。

城市地下空间首先可应用于地下车库、仓库和物流体系,还可用于地下博物馆、陈列馆、画廊等文化服务体系,以及地下旅游餐饮和运动等大众服务体系。当然,城市工程建设和空间利用也可能造成一些潜在的安全隐患,应该优先利用地震、滑坡等地质作用相对弱的地下空间,也可优先利用废弃矿场等环境差的地下空间。在地下空间开发的同时,要保持优美的自然景观不受破坏,保持原有的地下水系统不受破坏和污染,不会造成原来的生物链断裂。在建设地下工程的同时,还要构建城市地下感知网络,对建筑结构和地质环境的变化进行长期监测。

城镇的特点是已经布满了各式各样的建筑群和道路,地下还有众多的各种管网。因此,地质调查的活动空间受到许多限制。此外,城镇的特点还有电磁干扰和振动噪声十分强烈,因此,过去用于找矿找油的传统大排列地球物理作业模式,无法在城镇绿色地质调查中应用。总之,城镇空间资源的调查方法技术还必须创新,灵动轻便、快速精准,且具有很强的抗干扰能力的新方法技术,才能达到绿色地质调查的目的。浙江大学地球物理研究所研发了随机分布式高密度电法,突破了传统高密度电法规则网格的限制,具有极好的应对城市复杂地表勘探的能力,将在第 5 章详细介绍。

1.8　浅地表快速和精准的无人机调查

随着信息科学技术的发展,利用无人机的低空探测技术开始在地质调查中得到应用。传统的航空磁测在区域调查中得到广泛应用,不过在详查中还需要有地面调查配合,如在地面进行效率低和成本高的异常检查和准确定位,才能取得矿产勘查和工程基础调查的最终成果。在 21 世纪,利用 GPS 定位的无人机低空探测技术,可以大大提高航空磁测调查的工作效率,降低探测成本。浙江大年科技有限公司和浙江工业大学已经成功研发了无人机低空磁测仪器(图 1-13),并进行了商业化。此仪器小巧玲珑,操作方便,测量磁场数据准确,可以代替传统的地面磁测。

图 1-13　浙江大年科技有限公司研发的无人机低空磁测仪器工作照片

根据调查的任务不同,应用无人机的低空探测技术可以有不同的调查模式。在找矿详细调查阶段,调查面积小,要求的分辨率高,可以采用小型无人机低空探测,由操作员在调查区附近控制飞行周期和网络路线;在区域大面积详细调查阶段,要采用大型无人机低空探测,操作员可以在调查区外基地控制飞行路线和用电周期,进行全自动观测(图1-13)。无人机的低空磁场和重力场探测完全可以代替传统的大型飞机的航空测量,大大节约调查成本。

无人机的低空探测技术也开始在电法勘探中得到应用(林君等,2021)。由于大地电磁场的趋肤效应,电法勘探的详查还需要激发人工电磁场,才能取得几百米深度地层电磁感应的信息。因此,电法勘探的详查设备分为电磁场激发和电磁场接收两个部分。电磁场接收部分完全可以通过无人机遥控,而电磁场激发部分可以采用两种方式(图1-14)。第一种方式是利用直升机(或者大型无人机)吊起发射机激发电磁场,与测量无人机组同步飞行[图1-14(a)]。这种全航空方式效率高,但是勘探深度比较浅,因为无人机能吊起的发射机功率有限。第二种方式是在地面用大回线等激发稳定的多频电磁场,用无人机组飞行测量[图1-14(b)]。这种半航空方式工作效率比较低,但是勘探深度比较大,因为在地面直接用发电机给发射机提供能量,功率可以很大。吉林大学和成都理工大学都开展了无人机电法勘探的研究,取得了一定的实际应用效果。

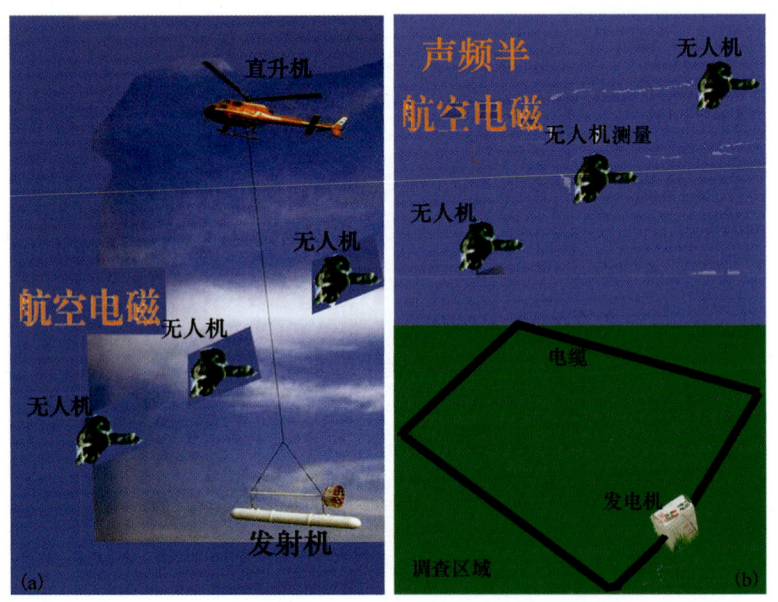

图1-14 直升机吊起发射机激发(a)和地面大回线激发(b)

1.9 干旱区地下水资源量的电测评估

作为目前世界上最大的淡水资源,地下水在全球尤其是干旱地区的水资源供应及地下生态环境稳定中起重要作用(Aeschbach-Hertig and Gleeson,2012)。水文地球化学和水文地质研究提供了地下水成分、化学类型、离子含量等详细信息。然而,由于井中样本数量的限制以及地下结构存在强烈的横向不均一,传统的水文采样分析难以取得全流域的地下水分布数据。对于流域甚至大型盆地尺度的地下水评估,可通过电测井数据或水井水文参数进行分析研究(Hamlin and Rocha,2015;Stephens et al.,2019)。在缺乏测井数据的情况下,通常使用无破坏性的非侵入式地球物理方法(如直流电法、大地电磁法等)获得的介质电阻率数据来估算地下水盐度或总溶解固体含量(Total Dissolved Solids,简称 TDS;Meju,2000;Unsworth et al.,2007)。这一方法主要基于阿尔奇公式(Archie,1942)以及 TDS 与孔隙流体电阻率之间的经验关系(Ebraheem et al.,1990;Block,2001)对地下水盐度进行估算(图 1-15)。

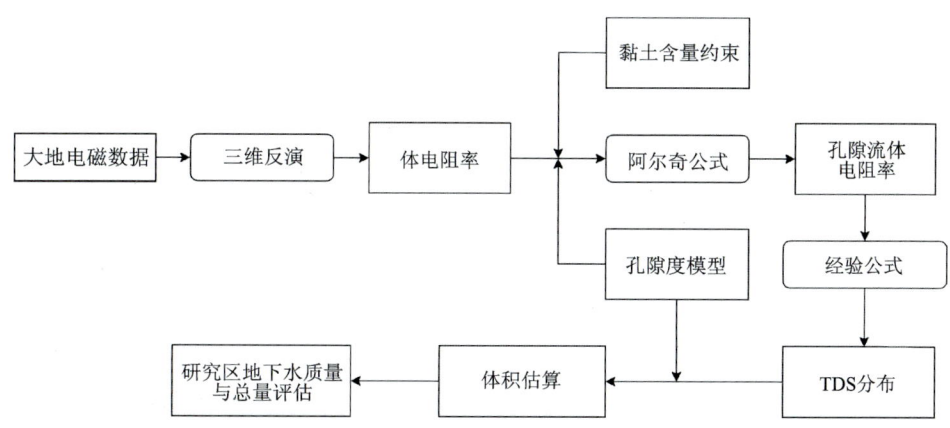

图 1-15　塔里木盆地北部第四纪含水层地下水质量与总量评估流程图

直流电阻率和大地电磁法都可以用于进行三维地电阻率成像。直流电阻率方法属于主动源方法,抗干扰能力较强,但是探测深度较小。大地电磁法(MT)利用观测天然交变电磁场正交分量的变化来研究地下岩层的电学性质(见第 6 章)。主动源电磁法对几百米以内的浅表层分辨率够高,但是勘探成本也很高,多应用于详查。

以塔里木盆地北部地区地下水评估为例。塔里木盆地北部第四纪沉积物的物源主要来自天山山脉的风化剥蚀,以粗砂—细砂为主,黏土含量较低,只有局部地区可达 20% 左右,因此其孔隙度随深度的变化可以采用实验室压实实验构建的经验公式进行较好预测(Dong et al.,2000;郭建强等,2001;Su et al.,2021)。获得可靠的孔隙度模型之后,采用阿尔奇公式(Archie,1942)和 Block 经验公式(Block,2001),在孔隙度估计模型和黏土含量的约束下,可将三维电阻率模型转化为地下水 TDS 值,进而针对 TDS 单项指标对塔里木盆地北部第四纪含水层的地下水进行盆地尺度上的总量估计与质量评价。结果显示了研究区内各县市的可用水量估计(图 1-16),从地下水资源开发角度为未来城镇的规划与建设提供了有价值的基础数据(Li et al.,2023)。

在全球气温升高的大背景下,解决淡水资源问题逐渐成为人类社会可持续发展的重大课题。一旦全球升温达到 2℃,大多数中国冰川融水将会在 2040—2070 年达到顶峰值,随后融水将迅速骤降,中国西北的地面径流萎缩,将危及 8 亿人的水资源供应。冰川融化引发的海平面上升,还会导致滨海地区和低海拔地区发生海蚀。世界范围内的淡水供应、农作物灌溉和粮食安全也会受到严重影响。及时开展全面精细的地下水调查,立法保护地下水资源,对中华民族甚至人类世界的可持续发展具有重要意义。

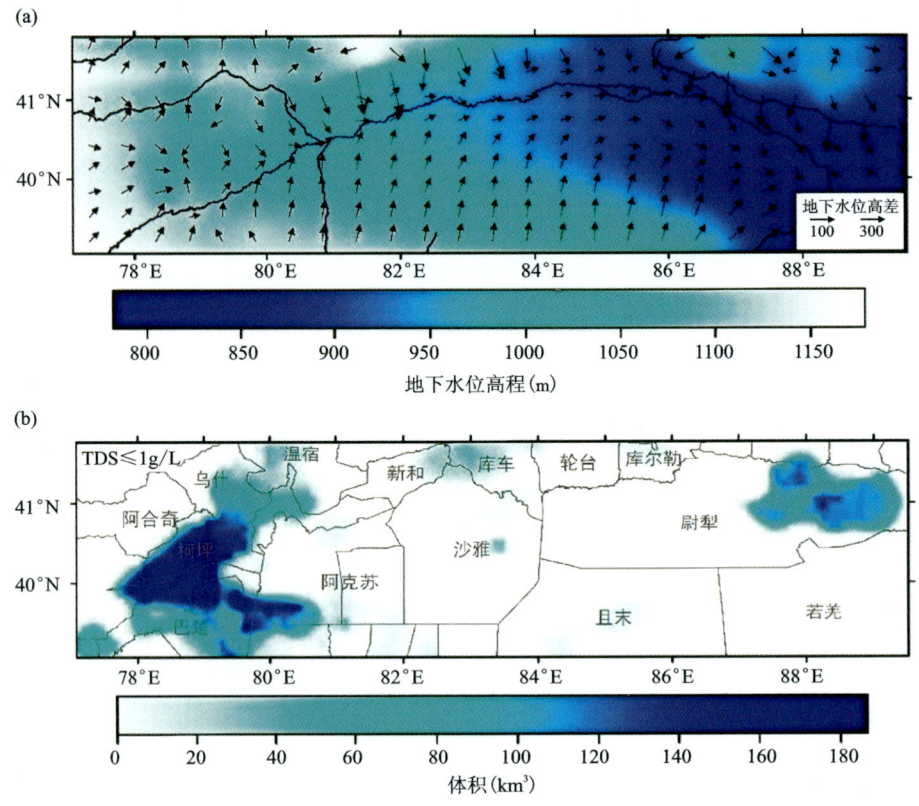

图 1-16 塔里木盆地北部地下水位高程分布(a)和地下水量分布(b)

1.10 滑坡与城镇地灾隐患排查和监测

中国是世界上发生滑坡灾害最频繁的地区[图 1-9(b)]。滑坡是依附于软弱结构面(带)之上的岩土堆积体(滑坡体),受地表流水侵蚀、地下水潜蚀、强降雨渗透和冲刷、地震诱发等天然地质作用或人类活动等因素影响,在其自身重力的牵引作用下,打破固有平衡力,沿一定的软弱面或软弱带,整体或局部向下滑动的地质现象(郭建强,2003)。滑坡体下滑时与母体之间的分界面称滑坡面。滑坡是一种较为常见的地质灾害,其发育主要受地形地貌、地层岩性、水文条件及地质构造等客观因素制约,同时又受人为作用的诱导因素制约。我国滑坡灾害问题非常突出,特别是大规模的工程建设与人类活动,加剧了这类地质灾害,使滑坡呈现出分布面积广、类型多、频度高、强度大等特点。

滑坡演化分为渐变型和突发型两种基本形式,大部分自然滑坡和工程滑坡属渐变型,而突发型滑坡常常由于自然或人类活动触发产生(唐辉明,2022)。常见的滑坡类型有以下 5 种。

(1)滑动滑坡(Translational Slide):这是最常见的滑坡形式之一,岩土体沿着明确的滑动面水平滑动。滑动面通常位于岩土体内部,可以是断层、接触面或岩土体内部的薄弱层面等。滑动滑坡的滑动面比较清晰,滑动过程相对稳定。

(2)顺层滑坡(Rotational Slide):顺层滑坡是指岩土体沿着曲面滑动,通常沿着岩层或土层的弯曲面滑动。这种滑坡形式通常发生在具有层理结构或倾角较大的地层中。顺层滑坡的滑动面呈弧形,顶部向后倾斜,底部向前倾斜。

(3)蠕滑滑坡(Creep Slide):蠕滑滑坡是指岩土体缓慢、持续地沿着较浅的滑动面滑动。滑动速度相对较慢,通常以毫米或厘米为单位。蠕滑滑坡的滑动面可以是土层中的细小颗粒之间的滑动面或者由冻胀、融化等因素导致的土体体积变化引起的滑动。

(4)坍塌滑坡(Rockfall Slide):坍塌滑坡是指岩石在重力作用下发生坍塌,形成岩石块体沿坡面向下滑动。这种形式的滑坡通常发生在陡峭的岩石坡面或悬崖上,滑动速度较快,伴随着大量的岩石碎片的飞散。

(5)地面下陷滑坡(Earthflow Slide):地面下陷滑坡是指含水层中的饱和土体在坡面受到重力作用下向下流动。这种滑坡形式通常发生在含有可塑性软土或黏土的地区,滑动过程中土体呈现流动的特点(黄润秋等,2017)。

滑坡的形式可能受到地质条件、岩土体性质以及外部因素等多种因素的综合影响,因此在实际情况中可能出现多种形式的组合。例如,滑动滑坡和顺层滑坡可以同时存在,形成复合滑坡。此外,滑坡的类型还可能随着时间的推移而发生变化。

滑坡的形成和发展受到地质结构、地质演化过程和触发力等因素的控制,因此具有特定的孕灾模式。唐辉明等(2022)以滑坡结构为主要控制因素、地质演化过程为核心,提出了6种代表性的滑坡孕灾模式:顺层缓倾渐进滑移、顺层陡倾蠕变溃屈、深层顺向蠕变滑移、软弱夹层塑流滑脱、斜交切层贯通突滑和高陡反倾弯折滑移(图1-17)。相应的物理力学模型的建立,揭示了结构主控的滑坡孕灾机制。

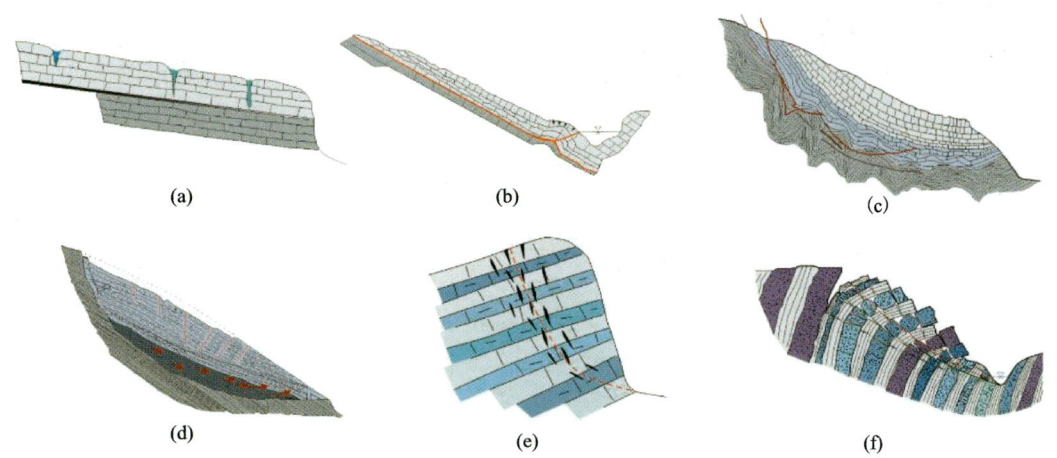

图1-17 滑坡代表性孕育模式(唐辉明等,2022)

(a)顺层缓倾渐进滑移;(b)顺层陡倾蠕变溃屈;(c)深层顺向蠕变滑移;(d)软弱夹层塑流滑脱;(e)斜交切层贯通突滑;
(f)高陡反倾弯折滑移

自然的滑坡是表生地质作用的产物,反映地貌过程和地表物质的运动(图1-18),具有明显的演化过程和阶段性,通常情况下可划分为蠕动变形、缓慢滑动、加速滑动、滑后稳定4个阶段。这些阶段描述了滑坡在发展过程中的不同变形特征和行为。

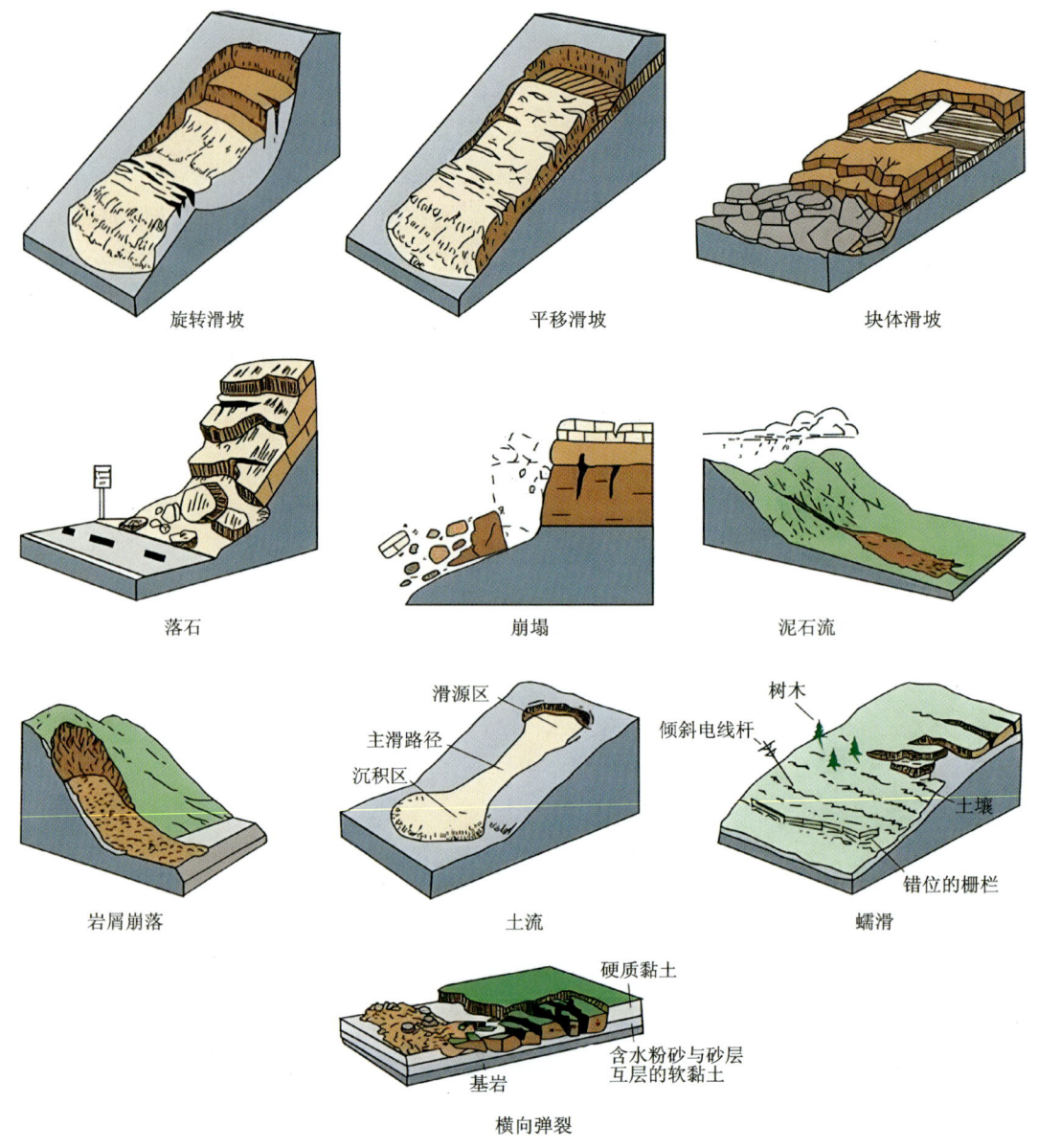

图 1-18 表生地质作用的地貌变化示意图

(1) 蠕动变形阶段:在这个阶段,滑坡开始显示出一些初始的变形迹象。这可能包括地面裂缝、岩石或软土的微小位移、倾斜树木、建筑物的轻微损坏等。初始变形阶段通常是一个相对缓慢的过程,变形速度较慢。

(2) 缓慢滑动阶段:随着时间的推移,滑坡进入缓慢滑动阶段。在此阶段,滑坡开始表现出明显的位移和形变,但速度相对较慢。位移可达数毫米至数十厘米,滑坡体逐渐向下滑动,但整体稳定性尚可保持。

(3) 加速滑动阶段:加速滑动是滑坡演化过程中的一个关键阶段。在这个阶段,滑坡的位移速度急剧增加,滑动的幅度也迅速增大。此时,滑坡体可能出现断裂、土体崩塌等现象,整个滑坡系统处于高度不稳定状态。

(4)滑后稳定阶段:当滑坡达到一定程度的位移和形变后,进入滑后稳定阶段。在这个阶段,滑坡的位移速度逐渐减缓,整个滑坡系统逐渐趋于稳定。尽管滑坡仍然存在一定程度的位移和形变,但变化较为缓慢。

实际发生的滑坡中,4个阶段的划分不总是十分完备和典型的。由于岩(土)体和滑动面的性质、促滑力的大小、运动方式、滑移体所具有的位能大小等不同,滑坡各阶段的表现形式及过程长短也有很大的差异。此外,影响滑坡演化的因素包括以下几个方面(彭建兵等,2016)。

(1)坡度和坡向:较陡的坡度和特定的坡向可以增加滑坡的发生风险。陡坡易于发生滑动,而朝向坡顶的坡向则可能增加滑坡的发生概率。

(2)土质和岩性:软土和岩石的稳定性是滑坡演化的关键因素。某些土质(如黏土)和岩石(如页岩)具有较高的含水量和较低的抗剪强度,容易发生滑坡。

(3)地下水条件:地下水的存在和流动对滑坡的演化具有重要影响。饱和软土和岩石会减弱它们的抗剪强度,增加滑坡的概率。

(4)降雨和水文过程:降雨是引发滑坡的常见因素之一。大量的降雨可以饱和软土,增加地下水位,从而导致滑坡的发生。

(5)地震和地质活动:地震和其他地质活动(如火山喷发、构造活动)可以扰动地层和岩石,破坏它们的稳定性,促使滑坡发生。

(6)人为活动:人类活动,如土地开发、挖掘和采矿等,可以改变地形和软土结构,进而增加滑坡的风险。

(7)植被覆盖和根系:密集的植被覆盖可以增加软土的抗剪强度,减少滑坡的发生概率。植物的根系也可以起到固土护坡的作用。

为综合预测和评价滑坡的孕育过程,更好地控制和治理滑坡地质灾害,首先需要勘察滑坡面的埋深位置和滑坡体的分布特征,传统采用的钻探、槽探、坑探,以及土工试验等常规方法,存在施工困难、成本较高及工作效率较低等不足之处,调查范围有限,很难获取不良地质结构体(结构面)的整体发育情况。随着基础理论研究、仪器设备和信号采集处理等方面的进步,为提高滑坡勘查效率和质量,科学准确评价滑坡稳定性,合理优化滑坡治理方案,遥感遥测以及浅地表地球物理探测逐渐成为滑坡调查的主要方法(Mantovani et al.,1996;Keefer,2002;Tralli et al.,2005;杨云芳等,2009;Niethammer et al.,2012;Kannaujiya et al.,2019)。浅地表地球物理探测技术具有安全、经济和无损的特点。

例如,地震勘探法较早用于基岩面、断裂带、滑坡软弱带或软弱夹层、滑坡面埋深、滑坡体堆积方量及其形态和结构特征的探测研究(Brodsky et al.,2003;Stucchi and Mazzotti,2009)。电阻率法可以基于岩(土)体的导电性差异,通过对地下半空间中传导电流分布规律,来研究岩石风化、破碎或裂缝、含水量等岩土性质(Lapenna et al.,2003;Drahor et al.,2006;Chambers et al.,2011),以及滑坡体的黏土带和饱水带特征。

在滑坡演化的不同阶段,岩土层地球物理属性特征发生有规律的变化,可以作为地球物理探测判别滑坡孕育程度的依据。

(1)蠕动变形阶段:滑坡体内部的松弛和破碎可能导致电阻率的变化,通常,初期变形阶段的滑坡体电阻率较高,因为岩土体相对紧密。在弹性波速度变化方面,滑坡体内部的微小位移和变形可能会引起弹性波速度的变化,即地震波在不同部分传播的速度不同。在地震波传播时强度衰减方面,由于滑坡体内的松弛和破碎,地震波的振幅可能在滑坡体内部衰减。

(2)缓慢滑动阶段:滑动面的形成和扩展会导致地震波的反射特征发生变化,滑动面可能表现为较强的反射,与周围地层的反射不连续。在损耗特征方面,滑坡体内部的滑动和破碎可能导致弹性波衰减,即振幅的减弱和能量的损失。

(3)加速滑动阶段:整体破坏阶段中,滑坡体的完全破坏和坍塌可能导致地震波的反射几乎消失。在低频信号变化方面,整体破坏过程中,由于土体流动和混合的特点,地震波的频率可能降低,出现较强的低频信号。

(4)滑后稳定阶段:电阻率可能相对稳定,不再出现明显的变化,这是因为滑坡体已经达到了一种相对固定的结构和物性状态。滑坡体内的弹性波速度在最后稳定阶段可能相对稳定,不再出现明显的变化,这表明滑坡体内的物质密度和弹性性质已经趋于稳定。在最后稳定阶段,滑坡体的强度特征可能表现为相对稳定的状态,这意味着滑坡体内的岩土体不再发生明显的变形和破坏。

综上所述,滑坡演化的4个阶段在地球物理特征上可以呈现出不同的特点。这些特征包括电阻率变化、弹性波速度变化、反射特征、损耗特征、离散反射、损耗增加、反射消失和低频信号等。当然,滑坡演化是一个复杂的过程,地球物理特征的表现受多种因素影响,因此需要综合使用多种地球物理方法和数据,并结合其他地质观测资料进行综合分析和解释,从而更准确地理解滑坡的演化过程。

在地质条件允许地区,地质雷达和光缆检测等方法技术也可以用于滑坡灾害隐患的排查,详见第7章。

1.11 利用高铁等资源的勘探与监测

目前中国已成为全世界拥有规模最大及运营速度最快的高速铁路网的国家。高速铁路因其快捷、舒适的优点,成为人们穿梭于各大城市间的首选旅行工具。根据《"十四五"铁路发展规划》,预计2025年底全国铁路营运里程将达16.5万km左右,其中高速铁路(含部分城际铁路)在5万km左右,覆盖95%以上的50万人口以上城市。高铁运行时产生振动,可当作一种全新的绿色震源类型。与常规人工震源和天然地震相比,高铁震源具有以下几个优点:①高铁震源是一种绿色的振动源,完全避免了常规人工震源在使用过程中存在的环境污染和次生灾害问题;②一旦一条铁路开始运营之后,列车经过铁轨产生的持续振动就可以视为长时间内可重复使用的新型震源,这不仅可以避免天然震源的数量限制和人工震源的运输困难问题,而且将这种人们通常认为的噪声源作为新型地震震源还可以得到以前没有获得过的铁路沿线地震记录;③我国现有的高铁交通网络十分发达,同一条高铁线路平均每隔5~10min就有一辆列车通过,提供了分布广泛、数量巨大的高铁振动源,为高铁震源利用奠定了坚实基础。

1.11.1 高铁震源探测模型

高铁震源地震波场的数值模拟,对理解高铁震源地震波场特征及形成机制等研究具有参考意义。目前,高铁震源数值模拟方法主要包括以下 3 种:简化桥墩模型、欧拉-伯努利桥梁模型、梯形桥墩模型。

1)简化桥墩模型

简化桥墩模型(王之洋等,2020;石永祥等,2022)用于模拟列车经过高架桥桥墩时地震波场,如图 1-19 所示。

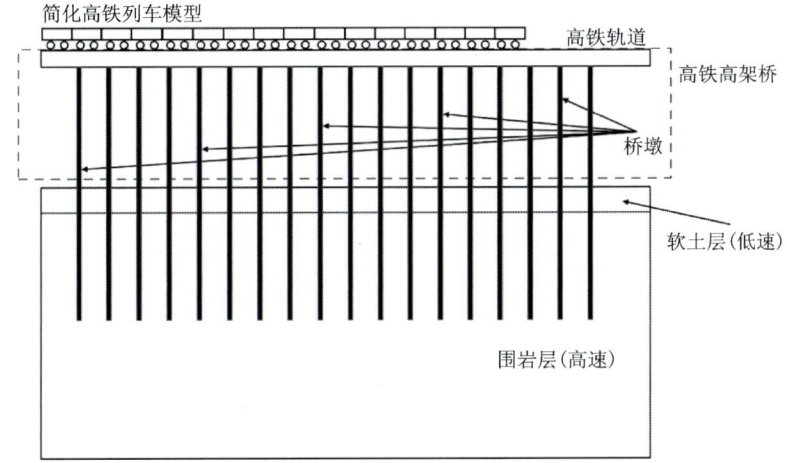

图 1-19　高铁震源简化模型示意图(王之洋等,2020)

该模型假设高铁高架桥桥墩插入地下几十米深,与软土层、围岩层耦合在一起,当高铁列车经过桥墩时,通过桥墩向地下介质激发地震波。一列由 N 节车厢组成的高铁列车,以匀速 c 行驶在桥梁上,其每一节车厢的前后 4 组轮对,依次对每一个桥墩施加力的作用,桥墩又直接作用于地面。考虑高铁列车行驶通过 M 个桥墩的情况,当高铁列车行驶通过高架桥时,N 节车厢前后转向架上的轮组对荷载依次施加在高架桥桥墩上,桥墩将荷载传递到深埋于地下的桩基础中,并且通过与地面介质的相互作用,激发并传播地震波,整个过程类似于"延迟激发"。通过每一个桥墩,所激发的震源时间函数表达式为

$$f(x,y,z,t)=$$

$$f_{vl}\sum_{i=1}^{M}\sum_{n=1}^{N}\begin{bmatrix}G_{n1}g\left(t-\dfrac{L}{c}(n-1)-\dfrac{d}{c}(i-1)\right)\\+G_{n1}g\left(t-\dfrac{L}{c}(n-1)-\dfrac{d}{c}(i-1)-\dfrac{a}{c}\right)\\+G_{n2}g\left(t-\dfrac{L}{c}(n-1)-\dfrac{d}{c}(i-1)-\dfrac{a+b}{c}\right)\\+G_{n2}g\left(t-\dfrac{L}{c}(n-1)-\dfrac{d}{c}(i-1)-\dfrac{2a+b}{c}\right)\end{bmatrix}\delta(x-x_0-d(i-1))\delta(y)\delta(z)$$

(1-1)

式中：G_{n1} 和 G_{n2} 分别为前后组轮的负载；L 为单节车厢的长度；a、b 分别为前后轮轴间的距离；d 为桥墩间的距离。

2）欧拉-伯努利桥梁模型

殷常阳等（2022）对高铁高架桥采用欧拉-伯努利桥梁模型，对桩体和土体采用开尔文体模型，建立了高架桥引起的地面振动模型，如图 1-20 所示。图中 x 表示桥梁沿长度方向的位置坐标，$u(x,t)$ 表示桥梁在位置 x 和时间 t 处的垂向挠度，$f(x,t)$ 为单位长度上的外部分布载荷。桥梁的材料与几何属性通过弹性模量 E、截面惯性矩 I 和单位长度质量 m 进行表征，L 则为桥梁的总长度，dx 表示用于建立控制方程的微小单元长度。在桥梁上部加载部分元件，引入列车简化动力荷载，采用两个集中力模拟轮对结构。其中，P 表示单个轮对施加于桥梁上的集中力，d 为每节车厢的长度，d_0 为同一节车厢前后轮对之间的距离。列车的动力作用可视为在桥梁上随时间移动的集中荷载。在桥梁中部，模型设定了一个与桥面相连的附加质量块 M，用于表示列车车体或其他集中质量，该质量块通过刚度为 K 的弹簧与桥面相连。下部结构采用开尔文体模型模拟地基动力响应，用以描述桩与土体的黏弹性特征。K_{pile} 与 C_{pile} 分别为桩的刚度与阻尼系数，K_{soil} 与 C_{soil} 分别为土体的弹性刚度与阻尼系数。

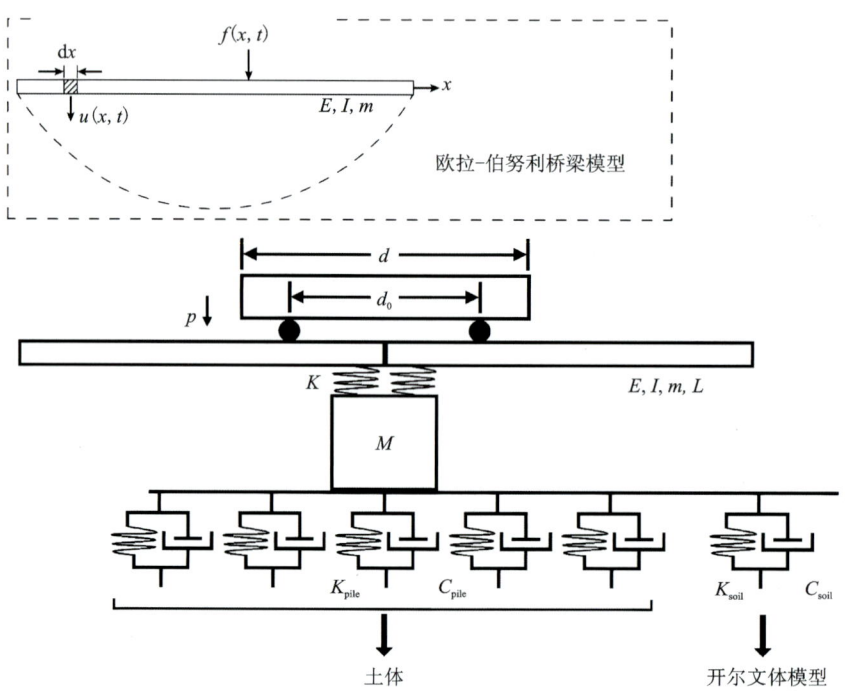

图 1-20　欧拉-伯努利桥梁模型示意图（殷常阳等，2022）

该模型将高铁震源分为地上和地下两个部分，地上部分采用欧拉-伯努利桥梁模型，地下（包括桩体和土体）采用开尔文体模型，采用弹性元件将两者连接起来。每一节车厢都有前后两组轮子，前轮和后轮都导致桥墩处产生垂直挠度，支座受轮子的作用力可以通过挠度求出。求得前后轮对桥墩弹性支座施加的力后，还需要求解高铁移动对桥墩的影响，从而计算桥墩与土体之间的相互作用，最后求出激发波场的震源时间函数。频率域震源时间函数为

$$F_s(\omega) = (K_{soil} + i\omega C_{soil}) U_{pile}(\omega) \tag{1-2}$$

式中：K_{soil} 为软土的等效弹性系数；C_{soil} 为频率域中土体的开尔文体模型的等效阻尼系数；$U_{pile}(\omega)$ 为桩体的位移。

3）梯形桥墩模型

考虑到高架桥及其基础的综合形态，还可以利用梯形桥墩进行高铁震源模拟（图1-21）。假设高铁列车荷载以点源垂直力 $f(t)$ 的形式作用在桥墩上，并由列车轮轴的通过激活。不同列车在不同桥墩的 $f(t)$ 可能有所差异，但由于高铁列车和铁路轨道都是固定且相似的，因此可以假设不同桥墩上不同车轮的载荷函数 $f(t)$ 是相同的。实际车厢通常由前后两组转向架，每个转向架2个轮子，共4个轮子组成，因此高铁震源函数可以写成

$$s(t) = \sum_{i=1}^{N} f(t - \Delta t_i) \tag{1-3}$$

式中：$f(t)$ 是单个车轮载荷函数；N 是车轮数量；Δt_i 是第 i 个车轮运动到桥墩时的延迟时间，这个延迟时间与高铁列车模型中的转向架前后轮轴间距和前后转向架间距有关，也与高铁列车速度有关。由式(1-3)可知，高铁震源函数是一系列车轮载荷函数的总和，且它是自相关的。

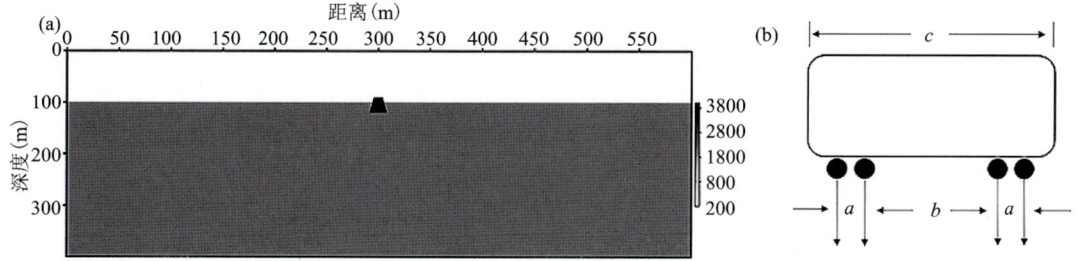

图 1-21　梯形桥墩震源模型示意图(a)和高铁列车模型(b)

（a 为转向架前后轮轴间距，b 为前后转向架间距，c 为车厢长度）

1.11.2　高铁地震波场成像方法

从实现方式上来说，高铁地震波场成像可以通过两种方式实现：一种是将高铁震源作为主动源，采用反射地震等主动源地震数据的成像方法进行成像；另一种是将高铁震源产生的数据作为被动源数据，采用被动源面波勘探的数据处理方法进行成像。

1）主动源成像技术

传统主动源采集方式是采集单炮激发的数据，通过叠加多炮的成像结果获得更好的信噪比与成像点覆盖。当高铁在高架桥上运行时，高铁作为震源通过埋入地下介质中的桥墩激发地震波。此时检波器所采集到的信号可以当作在桥墩位置有震源主动激发所产生的信号，其激发次数和激发间隔，分别与高铁的车轮个数和行驶速度有关。高铁震源的多次激发导致实际波场中包含了多个源，采集到的记录波形混叠，这种源类似于勘探中的混合震源。处理这种数据有两种方案：一是通过波场分离或体波信号提取，从混合记录中抽取出单一震源的记录，之后再使用分离后的单炮记录进行叠偏成像；二是采用高铁震源逆时偏移成像方法直接

成像。

波场分离的基本思路如下：以每个桥墩为中心，设计不同半径的圆形排列，在圆形排列每隔一定间隔布置检波器进行数据的采集；对某个圆形排列来说，来自圆心桥墩震源的反射波和初至波是相干信号，来自其他圆心桥墩震源的反射波和初至波表现为随机信号，可以利用两者的差异把其他圆心桥墩震源的反射波和初至波去除；在去噪后的同心圆地震数据的基础上，可以提取与高铁线路平行、垂直或斜交的测线上的地震数据，这样就获得了只含有单个桥墩震源的地震数据；只含有单个桥墩震源的地震数据，表现为时间方向上地震波场的垂直叠加波场。由理论和实际数据分析可知，可以从上面提取初至波走时进行层析成像，获得速度模型。另外，因为首尾车厢引起的地震波受垂向叠加影响较小，所以可以利用首尾车厢引起的反射波进行叠加偏移成像处理。

高铁震源逆时偏移成像方法由石永祥等（2022）提出。运行于高架桥上的高铁列车以一定速度行驶，可以形成稳定的干涉场（温景充等，2019），理想情况下这个干涉场与高铁的移动速度相同。通过理论分析发现，在不同频率对应的特定角度上，这种干涉场以近球面波的方式传播，且此时能量处于极大值。同时这个角度也是相干相位的稳定点，不同的源叠加后可以成像。而在这个角度外，串扰噪声会在不同的源与频率叠加后相互抵消，不会干扰成像结果。这提供了一种利用高铁震源成像的方式，可以利用最小二乘逆时偏移技术压制震源子波与串扰噪声的影响。

2）被动源成像技术

将高铁震源当作被动源，通过互相关的技术提取体波信号，可以借鉴普通铁路被动源体波成像技术。Brenguier等（2019）利用特殊的观测排列，利用互相关技术提取到了铁路上运行的货运列车产生的体波信号，并用于美国南加州圣雅辛托断层监测研究中。

3）应用目标和难点

高铁震源体波信号具有更高的分辨率，对于高铁沿线的盆地沉积层探测成像、高铁线路地质安全监测评价，以及深部地壳的结构探测等都是一种优质的绿色探测技术。应用目标包括：盆地沉积层地质结构构造的反射波探测、沉积地层的初至波层析成像；高铁线路附近地质隐患（如疏松空洞等地质隐患）的体波信号监测与分析；深部地壳结构的反射波和体波走时层析成像等。

目前国内外主要在高铁地震的震源、波场、频谱等方面进行了研究，取得了一系列重要研究进展。但是，由于高铁地震波场的特殊性，高铁地震体波成像实际应用获得成功的例子还较少，多数以理论研究为主。高铁体波震源应用难点在于：由于高速列车运行速度快，且有多组车轮，每个车轮在通过高架桥时都会产生地震信号，使得多组波场在垂向上（同一个桥墩）和横向上（不同桥墩）叠加在一起，形成复杂的地震波场，给地震体波成像带来较大困难；同时，高铁震源会产生很强的地震面波，对于体波信号的提取和应用是一种较为严重的干扰信号。

总体来看，简化桥墩模型和欧拉-伯努利桥梁模型，以一维或二维方式对高铁震源的数值模拟，对模拟的数据进行频谱分析等，理论应用相对简单。采用梯形桥梁模型进行高铁地震数据模拟的方法，已经实现了三维的地震波场模拟和分析，而且，与实际接收数据进行了对比分析，发现了高铁震源地震波场叠加规律。在理论上利用以桥墩为圆心的排列方式，可以有效区分不同桥墩波场数据,为波场分离提供了新的解决思路。石永祥等(2022)提出高铁震源地震数据的逆时偏移成像,从理论上分析了可行性,也是高铁震源地震波成像技术的一种创新。已有的研究表明,将高铁震源作为被动源,采用特殊的密集台阵观测方法,通过互相关处理等技术能够提取出地层参数数据。

1.11.3 高铁探测方法的应用研究

从高铁基础的角度来说,可以将高铁地震信号源分为两类。一类以高架桥为基础,另一类是路基高铁。由于高架桥位置确定,相当于震源位置已知,因此首先从这种简单情况入手,开展高铁地震反射法和折射法可行性研究。

1)基于理论模型的单个桥墩对高铁信号影响规律研究

首先研究了单个桥墩对地震信号的影响。建立双层层状介质模型[图1-22(a)],长度为600m,深度方向为300m,在100m深度有水平界面。上层介质的物性参数:纵波速度(v_P)2000m/s,横波速度(v_S)1200m/s,密度(ρ)2000kg/m³;下层介质的物性参数:纵波速度3000m/s,横波速度1800m/s,密度3000kg/m³。在模型中间位置,添加了一个梯形桥墩,添加了桥墩的双层介质理论模型如图1-22(b)所示。桥墩上底宽8m、下底宽12m、高度20m;桥墩物性参数:纵波速度4000m/s,横波速度2400m/s,密度3000kg/m³。

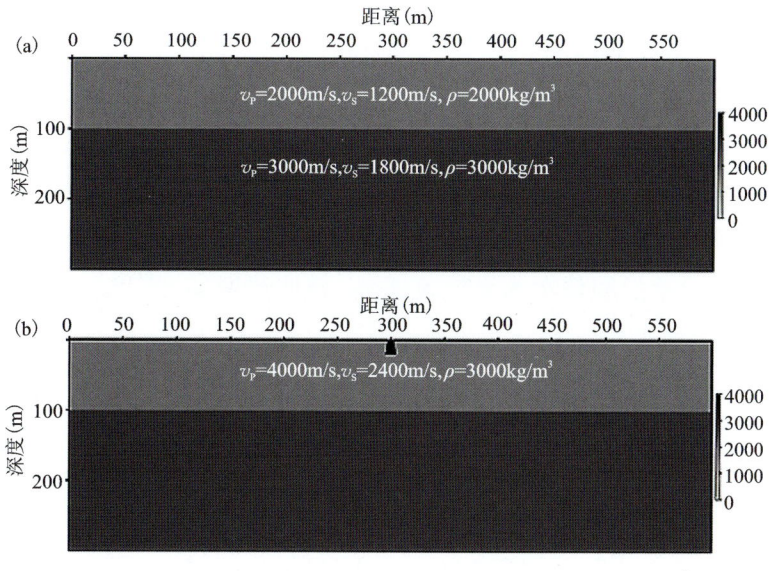

图1-22 双层层状介质模型(a)和加桥墩双层介质模型(b)

采用有限差分方法进行了地震波场模拟,所使用的子波为60Hz雷克子波,主要为了模拟高频体波信号的特征。震源位于模型表面的中间位置,即水平距离300m处。道间距5m,检波器平均分布在地表。无桥墩时双层介质模型对应的地震波场记录如图1-23(a)所示,图1-23(b)显示了添加桥墩后该双层介质模型对应的地震波场记录。从图1-23可以看出,模拟的地震波场清晰显示出了直达纵波、直达横波,以及100m深度界面的反射纵波、反射横波。另外,还有一些多次反射波。从图1-23可以看出,由于桥墩的影响,该双层介质模型的地震波场特征变得较为复杂。地震波相位增多,推测是由桥墩谐振和与围土界面引起的振动信号导致的。直达纵波和直达横波的到达时未发生变化,表明桥墩的存在对折射波层析成像没有影响。但是,反射纵波和反射横波波形发生了不同程度的变化,可能会给反射波探测带来不利影响。无桥墩地震信号的主频本来在 60Hz 左右,但是有桥墩地震信号的主频提高了,甚至达到了 100Hz,可见桥墩的存在会造成高铁地震信号频谱的明显变化。

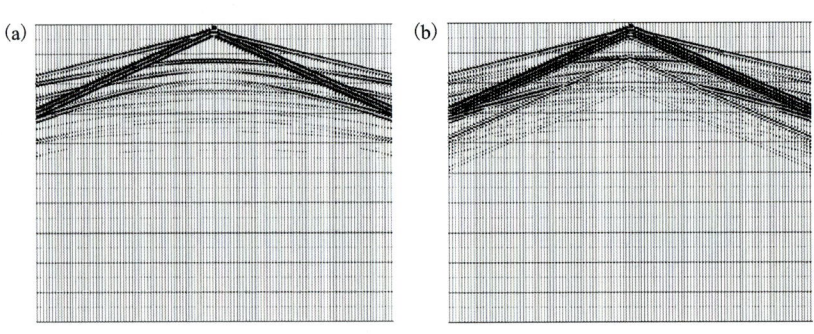

图 1-23　无桥墩时双层介质的地震波场响应(a)和有单个桥墩时双层介质的地震波场响应(b)

2)基于理论模型的多个桥墩对高铁信号影响规律研究

以上地震波场模拟分析采用 2D 模型,研究了单个桥墩对地震波的影响规律。为了分析多个桥墩对高铁地震波场的影响规律,采用 3D 模型对平行和垂直于高铁线路方向的地震波场进行了模拟分析。

设有 4 层的层状介质模型如图 1-24(a)、(b)、(c)所示。模型长、宽均为 500m,深度 100m,从地表往下依次为软土层、承重层、风化层和基岩层 4 套地层,厚度分别为 30m、15m、5m 和 50m。设计了两节车厢,车辆长度为 25m,每节车厢包含前、后两个转向架,每个转向架包含两组轮组对,转向架前后轮组对固定轴距为 2.7m。在模型中间位置,埋置了 3 个桥墩,桥墩间隔为 25m。4 个地层和桥墩的纵波速度 v_P、横波速度 v_S、密度 ρ、品质因子 Q 值参数如下:

L1 软土层　$v_P=1000\text{m/s}, v_S=600\text{m/s}, \rho=1900\text{kg/m}^3, Q_{P1}=20, Q_{S1}=20$;

L2 淋溶层　$v_P=2200\text{m/s}, v_S=1300\text{m/s}, \rho=2160\text{kg/m}^3, Q_{P2}=40, Q_{S2}=40$;

L3 风化层　$v_P=1800\text{m/s}, v_S=1000\text{m/s}, \rho=2060\text{kg/m}^3, Q_{P3}=30, Q_{S3}=30$;

L4 基岩层　$v_P=2500\text{m/s}, v_S=1500\text{m/s}, \rho=2200\text{kg/m}^3, Q_{P4}=60, Q_{S4}=60$;

桥墩　　　$v_P=4000\text{m/s}, v_S=2400\text{m/s}, \rho=3000\text{kg/m}^3, Q_{P4}=100, Q_{S4}=100$。

使用主频为 60Hz 的雷克子波进行三维地震波场的模拟,主要为了模拟高频体波信号的特征。桥墩即为震源所在位置,按照高铁车速 83m/s(时速 300km/h)进行模拟,当车轮位于桥墩正上方时激发地震波。道间距 2m,检波器平均分布在两条测线上。图 1-24(e)显示了添加 3 个桥墩后三维模型模拟的垂直于高铁方向测线对应的波场记录。从图 1-24(e)可以看出,添加了桥墩后,地震波场变得更加复杂,但是直达纵波和直达横波受到的影响较小。

图 1-24(e)显示了三维模型模拟的垂直于高铁线路方向 0~1000ms 波场记录,以及在零偏移距位置波场对应震源识别的结果。第一节车厢的前面两组轮子产生的地震波,在很短的

时间内线性叠加在一起,形成一组较为复杂的地震波场。然后,第一节车厢的第三、四组轮子运动到第一个桥墩上方,产生了两组地震波。紧接着,第一节车厢前两组轮子运动到第二个桥墩,产生的地震波叠加在后面;之后是第二节车厢前两组轮子在第一个桥墩位置产生的地震波场。由于这些地震波场间隔时间很短,所以叠加成为复杂的地震波场。但是叠加的地震波场对第一个到达的直达纵波的走时基本没有影响,给初至波走时层析提供了数据成像基础。从图1-24(e)可以看出,添加了桥墩后,地震波场变得更加复杂,但是直达纵波和直达横波受到的影响仍然较小。

图1-24(d)显示了三维模型模拟的平行于高铁线路方向0~1000ms模拟波场记录,以及在零偏移距位置波场对应震源识别的结果。蓝色字体标注的字母P代表桥墩、C代表车厢、W代表车轮。首先可以看到第一个桥墩位置,第一节车厢的前面两组轮子产生的地震波,分别为P1C1W1和P1C1W2。这两组地震波在很短的时间内线性叠加在一起,形成一组较为复杂的地震波场,不过由于来自同一个桥墩,所以叠加方式为时间垂直方向的叠加。然后,第一节车厢的第三、四组轮子运动到第一个桥墩上方,产生了两组地震波;紧接着,第二节车厢前两组轮子在第一个桥墩,第一节车厢前两个轮子在第二个桥墩交替产生了地震波场,形成了叠加波场。同一个桥墩产生的波场时间方向垂直叠加,不同桥墩产生的波场水平方向叠加。以上间隔时间很短的震源激发的地震波场,叠加成为一套复杂的地震波场。接下来的波场叠加规律与此类似,但是叠加的地震波场对第一个到达的直达纵波的走时基本没有影响。

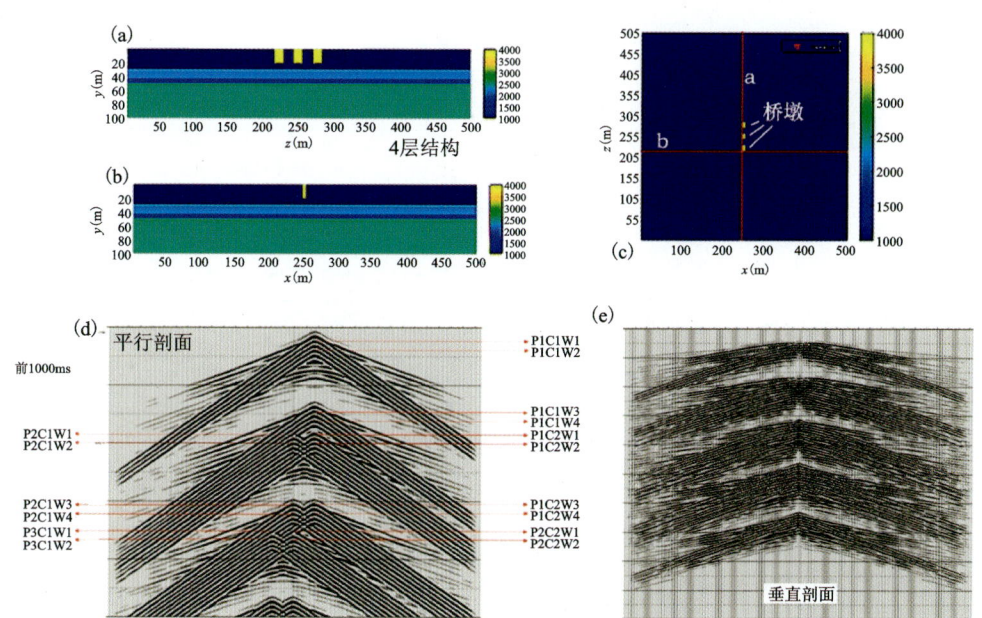

图1-24 添加3个桥墩的三维层状介质模型

(a)平行于高铁线路方向的速度剖面;(b)垂直于高铁线路方向的速度剖面;(c)模型俯视图及两条剖面对应测线位置,高铁线路沿z轴,列车运行方向由上至下;(d)三维模型模拟的平行于高铁线路方向测线对应的波场记录;(e)三维模型模拟的垂直于高铁线路方向1000ms波场记录

3)高铁震源采集的实际地震记录

在浙江湖州某高铁线路附近,共布设了 4 条试验测线,其中测线 6 和测线 8 垂直于地铁线路方向,测线 5 和测线 7 平行于地铁线路方向,测线 5 的采集排列如图 1-25(a)所示。采用 Smartsolo 节点式地震仪(图中黑色点)进行了数据采集,检波器自然频率为 2Hz,道间距为 2m,数据采集方式为连续观测,观测时长 3h。

选择了平行于高铁线路方向测线 5 的地震数据进行分析,图 1-25(a)为局部放大后测线 5 的图像,高铁桥墩位于有形似裂缝阴影的位置,分别在编号为 9、25、42 的 3 个节点地震仪附近。图 1-25(c)为一次高铁列车地震事件记录。从图 1-25(c)可以看出,桥基高铁的震源位于桥墩位置处,因为每个桥墩位置都产生了清晰的直达波炮头记录,与理论模拟记录基本吻合。在每个桥墩位置,可以看到地震波场沿时间方向垂直叠加的现象,每个炮头之间的时间间隔基本相同。横向来看,可以清晰看到不同桥墩震源水平方向叠加的现象,与理论模拟结果也是基本吻合的。图 1-25(b)为对测线 5 位置采集的地震事件记录的振幅谱分析结果。可以看出,振幅谱曲线分布较为离散,峰值出现在 4.5Hz、6.5Hz、8.5Hz、12.5Hz、14.5Hz、19.5Hz、21.5Hz、34.5Hz、49.5Hz 等几个频率附近,表现为有规律的陷频现象,与理论模拟结果发现的规律比较相似。

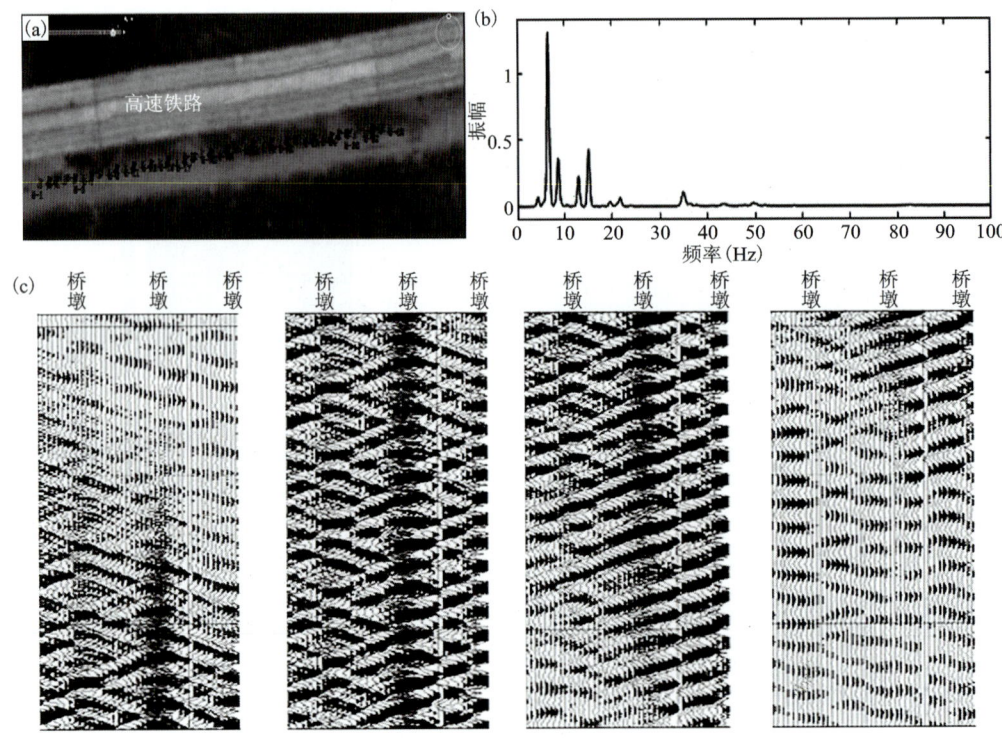

图 1-25 高铁震源采集的实际地震记录

(a)采集测线 5 放大显示后的图像(每个黑色标点代表地震仪位置);(b)采集的地震事件记录的振幅谱;
(c)高铁列车经过时的地震事件记录

理论模型试验和实际试验都表明,高铁地震是一种有应用前途的绿色勘查新方法,目前还有许多应用中的问题需要解决。徐善辉等(2017)对在京津城际铁路沿线采集到的一批高铁地震数据进行了分析,得出高铁地震信号传播范围远、信号频率宽、存在与轨道结构相关的特征频率点等观察结论。Fuchs等(2018)对维也纳附近的高速铁路的数据分析表明,高铁地震信号的频谱呈现分立谱线特征,且可以观察到多普勒现象。北京大学宁杰远研究组在广东深圳和河北保定地区布置多期观测任务,为后续的研究提供重要的数据支持。曹健等(2019)将高铁震源简化成一个移动的线源,并给出在该震源作用下弹性半空间和全空间的格林函数。刘磊等(2019)通过对高铁实际地震数据进行分析,验证了高铁信号可重复性高,不同观测点接收到的信号对高铁运行地质环境变化的敏感程度比较高的特点。蒋一然等(2022)证明了高铁地震波场中存在多普勒效应,并利用基于波场桥频的多普勒效应提出了一种完全基于波形信息测量不同高架桥段介质波速的方法。Chen等(2004)研究了列车产生的地震信号的特点。Liu等(2021)分析了高铁信号宽频带特征。

其他关于高铁震源地震波场成像的研究还包括Quiros(2016)将地震干涉测量法应用于沿里约热内卢大裂谷铁路沿线的垂直分量地震仪阵列,利用记录的120h铁路交通数据,恢复了面波和体波信号;张唤兰等(2019)利用互相关技术,对高铁信号进行了成像,并且分析了高铁信号互相关成像与传统互相关成像的差别,最后给出了两种解决思路;温景充等(2021)利用高铁地震信号中的面波信息,提取到相速度频散曲线;刘国峰等(2021)采用先利用信噪比差异甄别分离体波和面波再进行地震干涉的方法,对内蒙古浅覆盖区矿区的数据进行了处理,并按照传统主动源地震数据处理方法处理,得到了与传统主动源结果近似的单炮记录和地震剖面;Lavoué等(2020)采用理论分析方法,提出了成像的思路;Brenguier等(2019)采用被动源干涉成像技术,通过特殊的观测方式,从列车震源数据中提取出了直达P波信号。相信在2~5年后,高铁地震会成为有普及价值的一种绿色勘查新方法。

1.12 多源地震面波探测

地震波激发方法可分为两类:一类是人为主动激发,称为主动源,包括震动车、机械式夯源、人工锤击等;另一类称为被动源,主要由地壳运动等自然因素和火车、汽车行驶等非主动性的人为因素产生。主动源地震勘探数据采集见图1-26(a),产生的剖面地震记录见图1-26(b)。由图可见,震源的震动产生的波包括沿介质传播方向振动的P波,垂直于介质传播方向振动的S波,以及沿地面螺旋式传播的面波。单点地震记录的P波和S波都是体波,体波有直达波、反射波和折射波等。地球介质中P波速度最快,S波速度次之,面波速度最慢。所以在地震记录中P波最先到达,S波速度其次,面波最后到达[图1-26(c)];不过,面波的能量最强,传播的时空域也最大,是浅层地质勘查中不可缺少的可用资源。

沿地面螺旋式传播的面波包含多个子震相,如基阶面波和高阶面波[图1-26,图1-27(a)]。面波是沿固-气或固-液界面传播的地震波,其振幅随深度增加呈指数衰减。当震源处于地表附近时,激发产生的面波能量比体波能量强得多,并且面波的几何扩散小于体波,因此面波在地震记录中占主导能量,易于获取。面波的传播由地下介质本身的几何和力学性质决定。较高频率的面波波长较短,传播深度较浅;较低频率的面波波长较长,传播深度较深,不

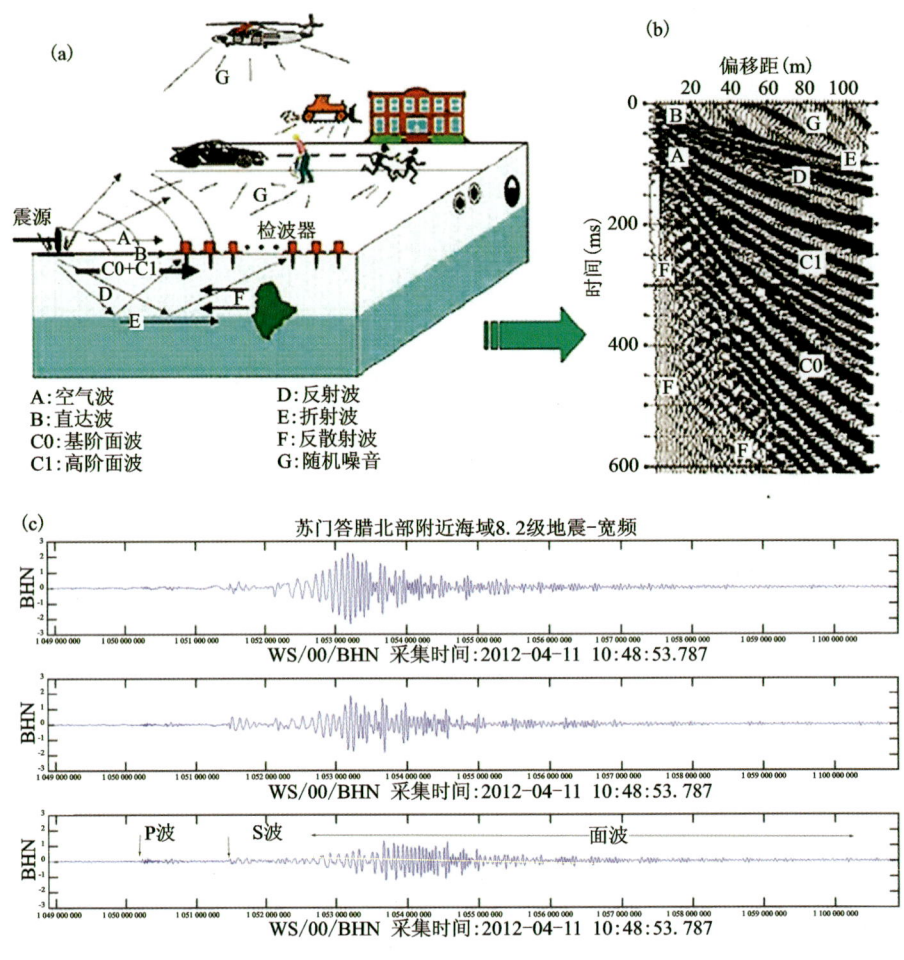

图 1-26 主动源地震波勘探

(a)数据采集示意图;(b)剖面地震记录;(c)单点地震记录的体波与面波

同频率的面波在不同深度具有不同的传播速度,形成面波的频散特性。

完全弹性层状模型中,某一频率 f_i 的瑞雷波传播相速度 c_i 由瑞雷波特征方程决定(Thomson,1950;Haskell,1953)。

$$F(c_i, f_i, v_P, v_S, \rho, h) = 0 \tag{1-4}$$

式中:v_P、v_S、ρ、h 分别代表每一层介质的纵波速度、横波速度、密度以及层厚度。

式(1-4)表明瑞雷波相速度与地下介质纵波速度、横波速度和密度参数相关。Xia 等(1999)详细测试了瑞雷波相速度对纵波速度、横波速度以及密度的敏感性,结果表明其受介质横波速度的影响最大,即对横波速度最敏感。瑞雷波存在多个传播速度,形成多模式瑞雷波。基阶模式频散曲线在高频部分趋近于表层横波速度的约 0.9 倍,在低频部分趋近于半空间横波速度的约 0.9 倍;高阶频散曲线在高频部分趋近于表层横波速度,在低频部分趋近于半空间横波速度。通过分析其本征位移可以看出,同一波长下,高阶模式比基阶模式穿透更深;随着频率的增加,基阶模式和高阶模式穿透深度均减小。根据上述原理,地震面波勘探数据处理要运用频谱分析,取得多阶面波相速度的频散曲线族[图 1-27(b)、(c)],然后转换为用半波长和相速度表示的频散曲线[图 1-27(d)]。

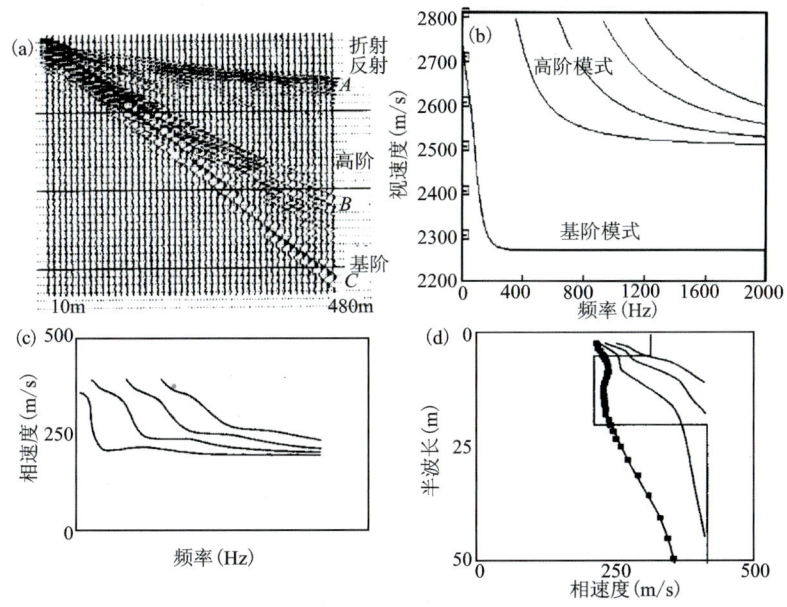

图 1-27　地震面波勘探数据处理的主要环节
(a)地震记录上的高阶面波和基阶面波;(b)视速度的频散曲线;(c)相速度的频散曲线;
(d)用半波长-相速度表示的面波频散曲线

在城镇环境下,人类活动可以产生大量的背景噪声,成为高频(>1Hz)被动源面波的主要来源。城市环境中的人为噪声呈现明显的周期性,一般为白天较强,夜间较弱,工作日较强,双休日较弱。Lecocq 等(2020)分析了全球范围内因新型冠状病毒感染各大城市封锁前后的噪声水平变化,指出城市封锁后,1Hz 以上频带范围的噪声能量呈现断崖式下降,表明了城市环境中人类活动与高频背景噪声有很强的相关性。

比较背景噪声信号和主动源激发的面波信号频谱可知(图 2-1),在低频部分(<20Hz)背景噪声能量明显强于主动源信号,特别是在 2~6Hz 频段,背景噪声能量达到峰值。在高频部分(>20Hz)主动源产生的信号强于被动源信号,其峰值在 43Hz 左右。但在实际勘探中,面波频散曲线是基于面波的频散能量聚焦拾取的;主动源信号提供高频带范围面波频散能量,被动源信号提供低频带范围的面波频散能量,使面波勘探结果更加精确和适用。这就是浙江大学地球物理研究所提出的多源地震面波探测方法的依据。

城镇环境多源地震面波探测方法在浅地表地下探测中已经得到成功的应用。第 2 章将详细阐述城镇环境下,主动源、被动源面波的相关数据处理技术,以及频散曲线的反演方法,在此基础上获得可靠的地下介质横波速度解释模型,为韧性城市的建设和发展提供基础数据。近 20 年来,地球物理探测的方法技术有很大的发展,提出了一系列更高效、更精确和更环保的方法技术,为国家急需和高效绿色地质勘查方法技术体系的建立打下了坚实的基础。在以下各章,我们将进一步深入讨论有关绿色地质勘查方法技术的细节和应用。

2 城市多源地震面波探测与地下成像

在讨论了21世纪绿色地质勘查转型的新资源和新方法原理后,下面将深入讨论这些新方法技术的创新和应用。绿色经济发展的一个重要方面是以创新驱动引领绿色矿业发展,以资源环境的刚性约束推动老产业结构的调整与改造,开创高质量发展的新局面。要把绿色发展的理念融入地质勘探和开发的每一个环节,以创新方法技术驱动引领,全面提升地质勘探绿色化的水平,为地下空间资源、盆地软土资源、地下水资源、绿色能源、新材料矿物资源勘测利用和灾害监测以及韧性城市建设,提供可靠的技术支撑和科学依据。

根据绿色经济和绿色矿业发展的时代要求,发展绿色地质勘查新方法技术势在必行,我们将绿色地质勘查产业的新方法技术总结为7个方面。

(1)城镇地震面波探测与层析成像技术成果表明了城镇环境中利用多源(主动源激发和被动源噪声)面波多道分析方法获取浅覆盖层,以及基岩结构的准确性和高效性,缓解了城市环境噪声对地球物理调查工作的负面影响,为解决这一问题提供了一条可行的路径。

(2)反射地震探地镜技术成果是一种可以减少钻探工作量的新型绿色工程地质调查方法,具有无损、快速、成本较低等特点。它提供的反演层速度与地下介质的岩性分层有较好的对应关系,当部分地质先验信息已知时,该方法可进一步估计岩石的单轴抗压强度,从而进行地下介质坚硬程度和岩土体稳定性的判断。

(3)三维与四维体波地震层析成像技术提供了一套随空间和时间变化的地下空间介质的精细成像技术系统。

(4)城镇随机分布式高密度电法勘探技术是一项具有原创性的创新成果,它克服了城市环境下传统高密度电法受规则排列、有线长电缆以及剖面成像等限制,为智慧城市和韧性城市建设提供了技术支撑。

(5)大地电磁三维地电阻率层析成像介绍了大地电磁方法的成像新技术和相关应用实例。

(6)地质雷达与灾害隐患的排查技术,结合三维探测及四维监测,可以构建滑坡地质灾害的时空模型,更详细、可靠和全面地对滑坡稳定性,以及形成机制做出评价,从而为滑坡灾害的监测预警和滑坡治理提供科学参考。

(7)应用光缆等智能感知和地下工程监测,形成了国际上最先进的DAS(分布式光纤传感或声波传感技术)方法的原理和相关应用。

2.1 面波勘探原理

如 1.12 节所述,激发产生面波的源可分为两类:一类是人为主动激发,称为主动源,包括炸药、震源车、机械式夯源、人工锤击等;另一类称为被动源,主要由地壳运动等自然因素和火车、汽车行驶等非主动性的人为因素产生。在城镇环境下,人类活动可以产生大量的背景噪声,是高频(>1Hz)被动源面波的主要来源。

图 2-1 展示了杭州市区某地使用同一检波器(5Hz)记录的背景噪声信号(去仪器响应)和主动源激发的面波信号频谱比较,背景噪声信号功率谱密度是连续记录 24h 的平均值,主动源面波信号震源采用机械式夯源,记录偏移距为 10m,于夜间激发和接收。从图 2-1 可以看出,在低频部分(<20Hz)背景噪声能量明显强于主动源信号,特别是在 2~6Hz 频段,背景噪声能量达到峰值。在高频部分(>20Hz)主动源产生的信号强于被动源信号,其峰值在 43Hz 左右。

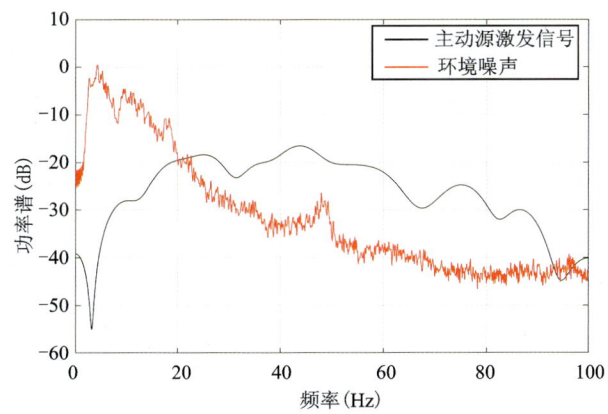

图2-1　杭州市区某地记录的主动源面波信号和背景噪声功率谱对比

面波是沿固-气或固-液界面传播的地震波,其振幅随深度增加呈指数衰减。瑞雷波是最常见的面波,由 P 波和 SV 波(横向剪切波)在自由界面耦合而成。当震源处于地表附近时,激发产生的面波能量比体波能量强得多,并且面波的几何扩散小于体波,因此面波在地震记录中占主导能量,易于获取。面波的传播由地下介质本身的几何和力学性质决定。较高频率的面波波长较短,传播深度较浅;较低频率的面波波长较长,传播深度较深,不同频率的面波在不同深度具有不同的传播速度,形成面波的频散特性。

图 2-2 展示了一个浅地表层状模型(表 2-1)理论计算的瑞雷波多阶频散曲线和不同频率的多阶瑞雷波本征位移。从图 2-2(a)中可以看出,同一频率下,瑞雷波存在多个传播速度,形成多模式瑞雷波。基阶模式频散曲线在高频部分趋近于表层横波速度的约 0.9 倍,在低频部分趋近于半空间横波速度的约 0.9 倍;高阶频散曲线在高频部分趋近于表层横波速度,在低频部分趋近于半空间横波速度。通过分析其本征位移[图 2-2(b)~(d)],可以看出,同一频率下,高阶模式比基阶模式穿透更深;随着频率的增加,基阶模式和高阶模式穿透深度均减小。

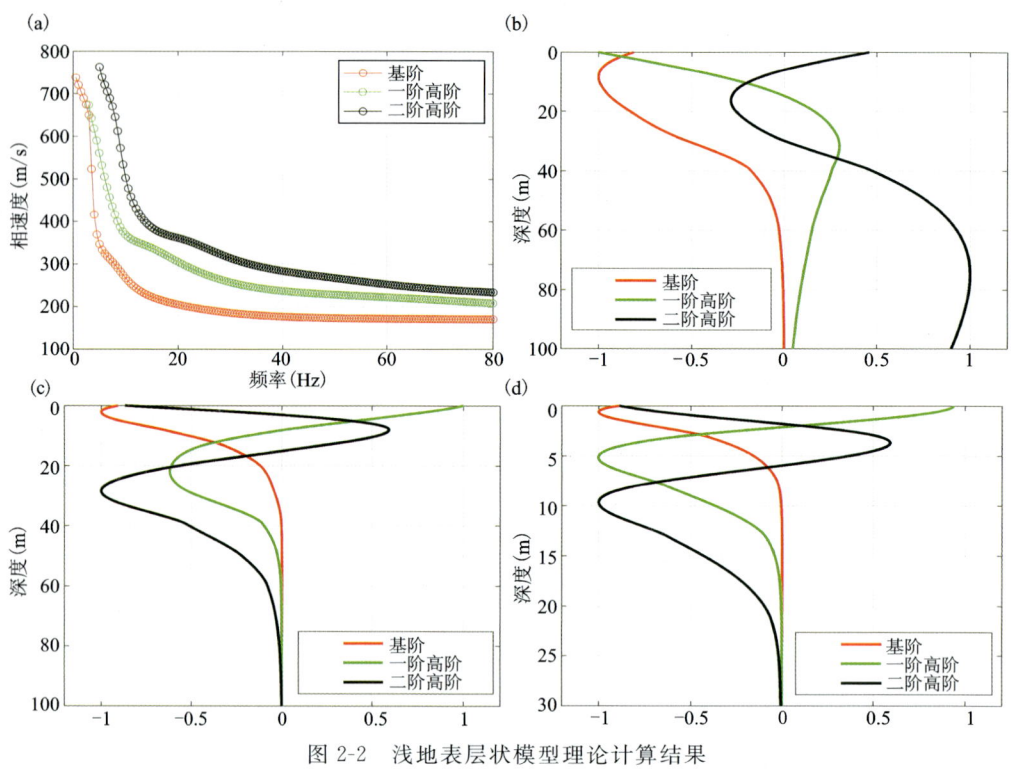

图 2-2　浅地表层状模型理论计算结果

(a)多阶频散曲线；(b)~(d)分别为 5Hz、10Hz 和 30Hz 多模式瑞雷波对应的垂向本征位移

表 2-1　层状模型参数

层	v_P(m/s)	v_S(m/s)	ρ(g/cm³)	h(m)
1	700	180	1.80	3
2	900	230	1.85	5
3	1000	280	1.90	5
4	1100	350	2.00	8
5	1200	400	2.10	8
6	1000	300	2.00	10
7	1400	500	2.20	10
8	1700	600	2.30	10
半空间	2200	800	2.40	无穷大

层状模型理论计算频散曲线可以是全频段的，但在实际勘探中，面波频散曲线是基于面波的频散能量聚焦拾取的。主动源信号提供高频带范围的面波频散能量，被动源信号提供低频带范围的面波频散能量。此处，我们通过使用不同主频的雷克子波震源模拟多道地震记录，比较主动源和被动源产生的不同频带范围和面波频散能量的差异，以及对反演模型估计的影响。

由图2-3可以看出,采用主频5Hz子波震源时,面波基阶频散能量在2～15Hz范围内比较清晰、连续,面波高频(>20Hz)信息较难获取。采用主频30Hz子波震源时,面波基阶频散信息在高于7Hz范围内可以拾取,难以获取低于5Hz的频散信息。

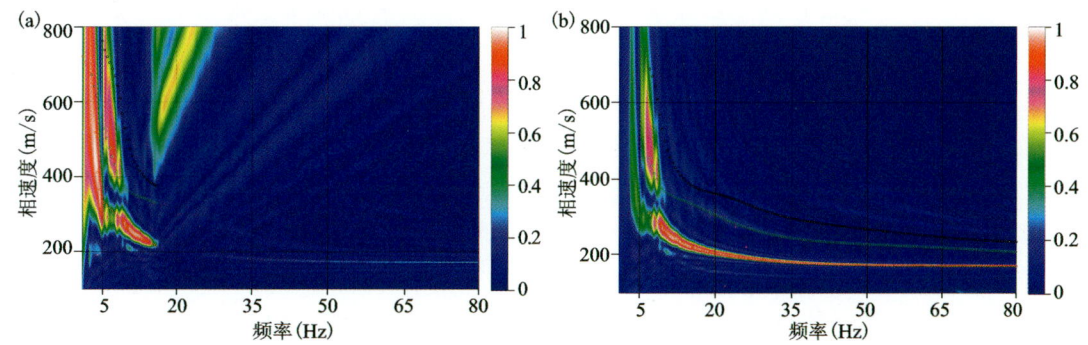

图2-3　5Hz(a)和30Hz(b)雷克子波震源激发产生的面波频散能量图

图2-4展示了不同频率基阶面波相速度对模型参数(横波速度)的深度敏感核,从图2-4中可以看出,基阶面波相速度对横波速度的敏感度整体随深度增加而降低;低频成分对深层较敏感,高频成分对浅层较敏感。针对表2-1中的浅地表层状模型,若想恢复40m深度以下的横波速度结构,必须提取小于6Hz的基阶面波相速度信息,这就需要被动源提供低频信号,同时通过主动源提供高频信号约束浅层结构。以上分析表明,联合主动源、被动源面波,可以更好地约束浅地表模型参数,获取更加准确的地下结构信息。

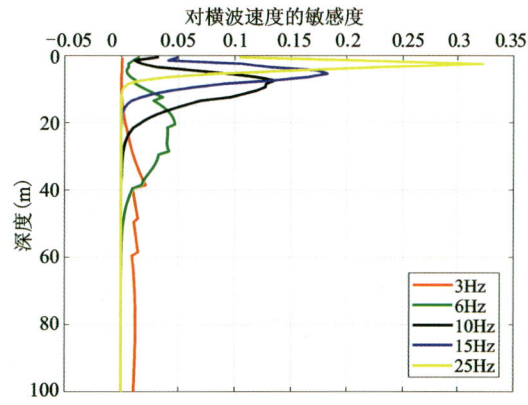

图2-4　基阶面波相速度对模型参数(横波速度)的深度敏感核

城镇环境下多源面波多道分析方法基本流程见图2-5,主要可分为数据采集、数据处理和反演解释3个部分。采集的主动源地震炮集记录和背景噪声记录经过数据处理可提取不同频带范围的面波频散曲线,然后通过反演面波频散曲线获取地下横波速度结构。下面我们将详细阐述城镇环境下,主动源、被动源面波的数据采集方式、相关数据处理技术,以及频散曲线的反演方法,在此基础上获得可靠的地下介质横波速度解释模型,为韧性城市的建设和发展提供基础数据。

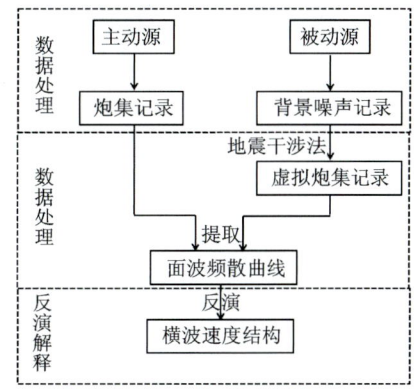

图2-5　多源面波多道分析方法基本流程

2.2 城镇环境面波数据采集方式

为了降低成本,提高数据采集效率,主动源和被动源面波数据采集可用同一套地震仪器系统,一般为浅层地震反射、折射数据采集常用的仪器设备,并配备使用较低频的检波器(如5Hz)。检波器呈线性排列,在城镇环境下,测线适合沿马路方向布设于路边。主动源面波信号通过人为触发震源(锤击、重物下落等)获取,被动源信号主要为马路上车辆行驶等交通触发的背景噪声。主动源面波数据采集一般选择噪声干扰较小的时间段,以突显主动源面波信号;被动源面波数据采集一般选择交通噪声较强的时间段,采集时间由于场地噪声水平及目标探测深度的不同,从几分钟到数小时不等。

主动源面波观测系统参数的选择会影响采集的面波数据质量,这些参数主要包括最小偏移距、道间距和排列长度(图2-6),被动源面波观测系统不存在最小偏移距参数。用于提取面波频散曲线的首道和尾道之间的距离(即排列长度)直接影响面波探测的水平分辨率,这是因为面波频散曲线反演所得的横波速度曲线是排列下方的平均结果(Mi et al.,2017)。一些学者已经详细讨论了最小偏移距、道间距和排列长度对面波成像结果的影响,以及如何选择最佳的面波多道观测系统参数(Forbriger,2003;Zhang et al.,2004;Xia et al.,2004,2006;Xu et al.,2006)。Xia等(2004,2009)总结了经验的观测系统最佳参数选择:最小偏移距约为最大探测深度,道间距约为层状模型最薄层的厚度,排列长度约为3倍的最大探测深度。

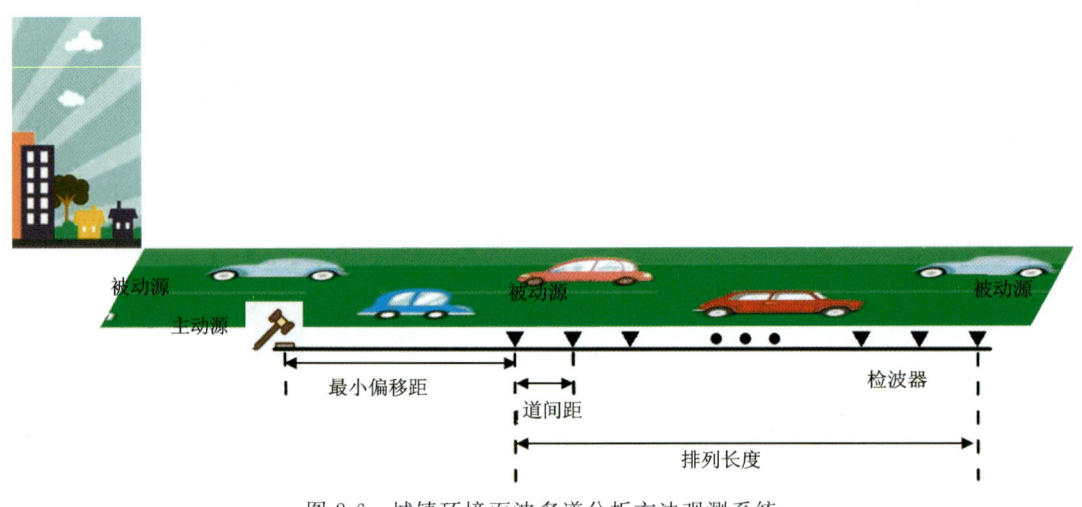

图2-6 城镇环境面波多道分析方法观测系统

2.3 数据处理方法

面波数据处理以提取准确的面波相速度为目的,这个过程需要将主动源炮集记录或被动源获取虚拟炮集记录从时间-空间域变换到频率-速度域。对于被动源面波而言,首先需要从记录的背景噪声中准确恢复格林函数、形成虚拟炮集记录,这是数据处理的关键。

理论上已经证明,通过互相关运算两个检波点记录的背景噪声可以近似恢复两点之间的格林函数(Lobkis and Weaver,2001;Snieder,2004;Wapenaar and Fokkema,2006)。在频率域内,s 点激发,r 点接收的地震波场 $U(r,s)$ 可以看作震源子波和格林函数的乘积,即

$$U(r,s) = W(s)G(r,s) \tag{2-1}$$

式中:$W(s)$ 是震源子波;$G(r,s)$ 是格林函数。那么,r_A 和 r_B 两点接收的地震波场 $U(r_A,s)$ 和 $U(r_B,s)$ 的互相关 C_{AB} 为

$$C_{AB} = U(r_A,s)U^*(r_B,s) = |W(s)|^2 G(r_A,s)G^*(r_B,s) \tag{2-2}$$

式中:$*$ 代表复共轭。上式在任意封闭曲面的积分为

$$\oint_{\partial V} C_{AB} \mathrm{d}s = \langle |W(s)|^2 \rangle \oint_{\partial V} G(r_A,s) G^*(r_B,s) \mathrm{d}s \tag{2-3}$$

式中:$\langle |W(s)|^2 \rangle$ 是非相关随机噪声震源子波的功率谱的平均值(Wapenaar and Fokkema,2006)。

式(2-3)中的积分 $\oint_{\partial V} G(r_A,s)G^*(r_B,s)\mathrm{d}s$ 正比于 r_A 和 r_B 两点的格林函数 $G(r_A,r_B)$(Wapenaar and Fokkema,2006)。因此,噪声互相关的结果可以获得两接收点间的近似格林函数,即一个接收点作为虚源,另一个接收点记录地震响应,若有多个接收点,即可形成一个虚拟炮集记录,这个过程并不需要知道实际震源的信息。

从背景噪声记录中准确恢复格林函数,需要噪声源满足随机均匀分布假设。在城镇环境下,噪声源大多分布在马路上,当测线沿马路方向时,可以准确提取面波相速度。当在偏离测线的某个方位存在较强噪声源时,可能导致提取的面波相速度不准确。Cheng 等(2016)提出通过噪声源方位角校正获取准确的面波相速度。一维测线难以准确确定噪声源方位,因此,Liu 等(2020)提出了一种伪线性排列被动源面波分析方法,通过增加一些偏线检波器,基于聚束分析方法准确确定噪声源方位,提取更加准确的面波频散曲线。

为了提高噪声互相关函数的信噪比,Bensen 等(2007)给出了一系列噪声预处理的方法步骤,这些都可以应用于城镇环境被动源面波的提取。针对城镇环境噪声源的特点,学者们也提出了一些数据筛选、去噪方法(Cheng et al.,2018;Pang et al.,2019;Xi et al.,2020)以提高面波频散数据质量。Zhang 等(2021)指出,One-bit 时域归一化方法在超短噪声成像数据预处理中可能会引起陷阱,使得原始数据波形畸变,导致频散成像效果变差。因此,在选择噪声预处理方法时需根据实际测试评价效果合理选择。当城镇环境噪声较强时,无须噪声预处理,直接进行互相关运算即可获取较高质量的面波数据。

被动源数据经过处理获取虚拟炮集记录后,即可同主动源炮集记录数据一样,从时间-空间域变换到频率-速度域,即

$$f(x,t) \to F(v,f) \tag{2-4}$$

这是一个简单的波场变换过程。因此,大多数波场变换方法均可以用于面波频散能量成像,如 f-k 变换(Yilmaz,1987)、τ-p 变换(McMechan and Yedlin,1981)、高分辨率线性拉东变换(Luo et al.,2008)、频率-贝塞尔变换(Wang et al.,2019;Xi et al.,2021)、频率分解倾斜叠加(Xia et al.,2007)等。Shen 等(2015)测试了其中 5 种面波频散能量成像方法,指出对于理论数据而言,通过幂运算这些成像方法具有等效的分辨率。实际数据处理中,因含有噪声干扰,不同的方法具有不同的成像效果。在频率-速度域内获得面波频散能量图像后,就可以根据能量峰值拾取面波频散曲线。值得注意的是,当地下介质存在低速夹层或强速度差异分界

面时,会导致面波频散能量发生"跳跃"或者模式"接吻"(Gao et al.,2016;Mi et al.,2018),从而影响多阶面波模式识别,易导致模式误判。

2.4 面波数据反演技术

地球物理反演是由数据得到模型的过程,面波反演的数据为不同频率对应的相速度(即频散曲线),模型为一维层状介质的模型参数。式(1-4)中已经表明频散曲线与4组模型参数相关并且对横波速度最敏感,因此,在反演中假定一维层状模型的纵波速度和密度随层深度变化情况已知,未知量为各层的横波速度。反演过程是拟合实测频散曲线的过程,通常情况下,目标函数设置为模型计算的频散曲线与实测频散曲线的几何距离,即

$$\varphi = \left\{ \sum_{i=1}^{N} \left[w_i \mid c_i^{\mathrm{obs}} - G(v_\mathrm{S}, v_\mathrm{P}, \rho, h \mid f_i^{\mathrm{obs}}) \mid \right]^1 \right\}^{1/1} \tag{2-5}$$

式中:w_i 为权重;c_i^{obs} 为观测相速度;$G(v_\mathrm{S}, v_\mathrm{P}, \rho, h \mid f_i^{\mathrm{obs}})$ 为正演算子,计算模型在对应观测频率 f_i^{obs} 处的理论相速度;1 为范数。

当进行多阶面波频散曲线反演时,上述目标函数中需要识别不同模式的面波频散曲线,在反演过程中理论计算的多阶频散曲线一一对应拟合实测的多阶频散曲线。如果在频散能量模式识别中发生误判,反演中可能导致理论计算某阶频散曲线拟合实测的另一阶频散曲线,从而得到错误的反演结果。

Maraschini 等(2010)基于 Haskell-Thomson 矩阵:

$$\mid \boldsymbol{T}(f_i, c_i, v_\mathrm{S}, v_\mathrm{P}, \rho, h) \mid = 0 \quad (i=1,2,\cdots,N) \tag{2-6}$$

此模型的频散曲线点 (f_i, c_i) 使得 Haskell-Thomson 矩阵 $\boldsymbol{T}$ 为零,因此提出了另外一种基于 Haskell-Thomson 矩阵行列式的目标函数:

$$\varphi = \left\{ \sum_{i=1}^{N} \left[w_i \mid \boldsymbol{T}(f_i^{\mathrm{obs}}, c_i^{\mathrm{obs}}, v_\mathrm{S}, v_\mathrm{P}, \rho, h) \mid \right]^1 \right\}^{1/1} \tag{2-7}$$

这种目标函数不需要区分多阶面波频散曲线,即不需要确定某一条频散曲线具体属于哪一阶,从而可以避免模式误判,直接进行多阶面波的反演。当然,若不进行模式识别,反演可能导致模型某阶频散曲线拟合实测的另一阶频散曲线(Maraschini et al.,2010),同样引起反演结果误差。

面波频散曲线反演是地球物理反演问题的一种,常规的迭代类,如阻尼最小二乘反演方法(Xia et al.,1999)或随机类反演方法均可以用于面波频散曲线反演获取横波速度。随机类算法是全局搜索,不易陷入局部极小,但耗时相对较长;迭代类反演算法效率较高,但容易陷入局部极小。因此,对模型合理地约束和选择合适的初始模型是频散曲线反演成败的关键。Xia 等(1999)给出了根据实测频散曲线选择初始横波速度模型参数的准则:表层横波速度约为相速度在高频部分渐近线值除以 0.9,半空间横波速度约为相速度在低频部分渐近线值除以 0.9,中间各层根据半波长探测深度原则选择为各相速度值除以 0.9;层厚一般由浅至深逐渐增厚,表层层厚一般设置为道间距。

对于特定的地下层状模型,反演的深度及准确性由观测的频散曲线频带范围决定。我们使用表 2-1 中的层状模型测试主动源、被动源提供的不同频带范围频散曲线对反演结果的影

响。我们将图2-3(a)、(b)中展示的不同频带范围的面波基阶频散曲线作为实测的被动源、主动源面波频散曲线,利用蒙特卡洛算法进行反演测试。

为了便于分析,我们在反演过程中将纵波速度、密度以及层厚设置为与真实模型相同,仅反演各层对应的横波速度。我们在给定的模型边界范围内随机生成了105个横波速度模型,然后画出了20个拟合实测频散曲线最好的横波速度模型(图2-7)。结果表明,若只有被动源提供的1~16Hz频带范围频散信息[图2-7(b)],我们可以获取第3层及以下(10m以深)横波速度结构,浅部3层(特别是表层)模型参数无法准确约束[图2-7(a)],即所谓的被动源面波勘探存在浅层盲区;若只有主动源提供的高频信息[8~80Hz,图2-7(d)],我们可以精确约束1~3层(13m以浅)横波速度结构,深部的模型参数无法获取[图2-7(c)];当联合主动源、被动源频散测量结果,利用全频带信息[图2-7(f)]进行反演时,既可以精确约束浅部1~3层模型参数,又可以获得深部模型结构[图2-7(e)]。

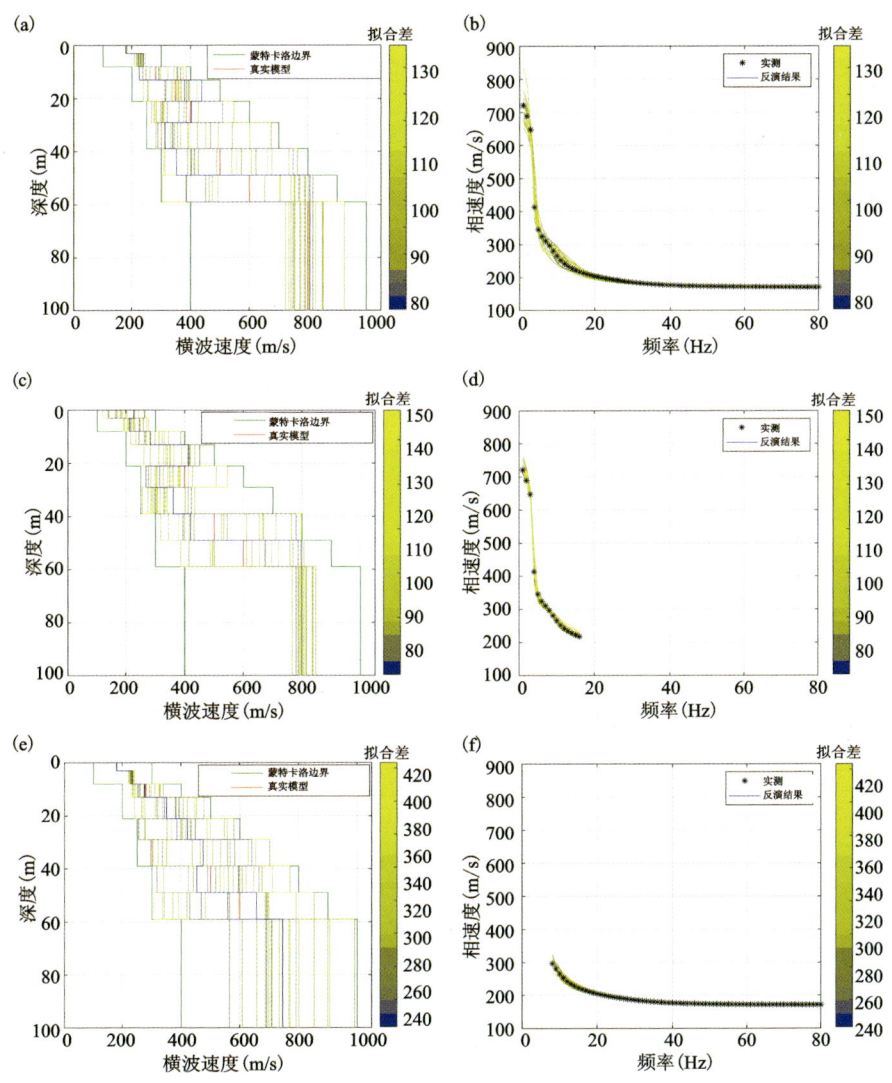

图2-7 主动源、被动源提供的不同频带范围频散曲线蒙特卡洛反演测试

(a)、(c)、(e)为反演测试结果,分别对应(b)、(d)、(f)不同频带范围实测频散曲线及反演结果拟合

面波频散曲线反演获取的是一维横波速度结构,即假定地下介质在某个检波器排列下方是横向均匀变化的,所得横波速度曲线是用于提取面波频散曲线的检波器排列下方横波速度结构的平均(Luo et al.,2009)。Xia 等(2005)指出面波频散曲线反演一维模型垂向分辨率由频散测量的精度决定。理论上而言,如果频散曲线测量是无误差的,那么模型分辨率就没有上限,即可以分辨任意层厚的模型。但实际观测数据总是存在误差,所以模型分辨能力总是有限的。提高实际观测数据的精度,就可以相应增加反演模型的垂向分辨率。实际频散曲线观测数据的精度受观测系统等多种因素影响,在浅地表应用中,一个经验的关系式为模型分辨的最薄层的层厚约为检波器道间距,并且,模型分辨率随着深度的增加而降低。模拟实验的结果(Xia et al.,2003)表明,在波长一定的条件下,高阶模式频散能量具有比基阶模式频散能量更高的分辨能力和穿透深度。模拟实验的结果还表明相对于其他方法,频率分解倾斜叠加(Xia et al.,2007)对高阶模式频散能量更敏感。

当地下介质存在二维横向变化时,通过滚动采集面波数据获取多个一维模型,然后拼接整合成拟二维横波速度剖面刻画二维结构。换句话说,我们在面波数据采集和反演过程中并未考虑二维横向变化的影响,但在最终的拟二维横波速度剖面上进行了横向结构的刻画和解释。此时,评价确定面波在刻画二维横向变化结构时的水平分辨率显得尤为重要。Mi 等(2017)通过数值模拟的方法定量评价了面波多道分析方法的水平分辨率,指出水平分辨率受观测系统参数(特别是检波器排列长度)影响,当选择最佳的观测系统时,面波水平分辨率随深度的增加而降低,在某一深度,面波水平分辨率由探测该深度的瑞雷波波长决定。

2.5 最新应用实例

相关单位在杭州开展了一系列多要素城市地质调查工作,其中一项任务是查明典型工作区地下的基岩面起伏、隐伏构造断裂及松散层结构和空间变化,为杭州城市地下空间开发利用提供参考依据。杭州市钱江新城二期工区是地下空间精细探测调查的重点区域,下面介绍我们在该区域基于高密度的检波器阵列进行的多源面波数据采集和地下空间精细成像工作,目标成像深度范围为 0~100m。

钱江新城二期工区位于杭州东火车站附近,毗邻钱塘江(图 2-8),该区域为钱江新城中央商务区的第二期开发区域。区内地势平坦,第四系广泛发育,以河口湾沉积为特点。附近钻孔资料表明,工区基岩界面深度在 50m 以下,基岩由不同风化程度的砂岩组成。基岩面以上存在不同类型的土、粉砂、圆砾石层等。工区周围及内部包含多个城市交通主干道,交通繁忙,噪声较大。

区内沿主要道路布设了两条近正交(NE 和 SE)的多源面波测线(图 2-8),每条测线长约 1km。NE 测线和 SE 测线先后进行多源面波测量工作。我们采用美国 Fairfield 公司生产的 5Hz 节点式地震仪进行主动源、被动源数据采集。其中 NE 测线由 192 个沿线台站和 6 个偏线台站(用于评估线性台阵频散测量的准确性)组成,沿线相邻台站间距约为 5m,6 个偏线台站垂直测线距离 5~200m 不等。SE 测线由 191 个沿线台站和 6 个偏线台站组成,沿线和偏线台站间距与 NE 测线相同。各台站直接安插在路边的土地上。

2 城市多源地震面波探测与地下成像

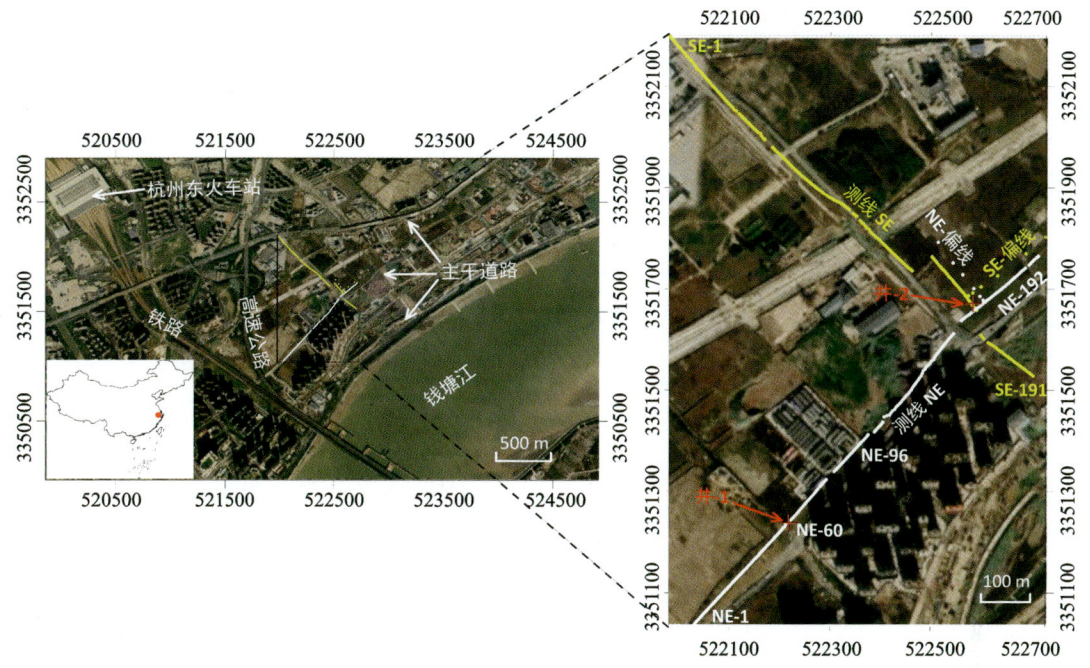

图 2-8　杭州市钱江新城二期工区测线位置图

对于被动源数据采集，NE 测线从上午 10:50 开始连续采集了 36h；SE 测线从上午 10:40 开始连续采集了 5.8h。主动源数据采集是在各测线被动源数据采集的过程中完成的，主动震源采用机械式夯源，每隔一个台站作为炮点激发，即炮点间距约为 10m。主动源炮点激发一般选择路上车辆较少、噪声干扰较弱的时间段进行。在 NE 测线数据采集过程中，我们选择噪声干扰较弱的深夜进行主动源数据采集。采集的主动源炮集记录直接从原始记录中分离切出。

面波数据采集结束后，在工区内测线上选择两处进行了钻探取芯，并进行了横波速度测井。井 1 位于 NE 测线 NE-60 台站位置，井 2 位于 NE 和 SE 测线交点附近（图 2-8）。两口井钻探深度均为 100m，提供了 100m 以浅的岩芯柱状图和横波速度测井曲线，用于比较、验证和解释多源面波测量结果。

主动源面波数据处理过程是将采集的时间-空间域面波多道记录变换到频率-相速度域并准确提取面波频散曲线。图 2-9 展示了一个原始的主动源炮集记录，每一道各自进行了最大振幅归一化处理。可以看出，在近偏移距时，机械式夯源产生的面波能量清晰，基本压制了城镇噪声的干扰；随着偏移

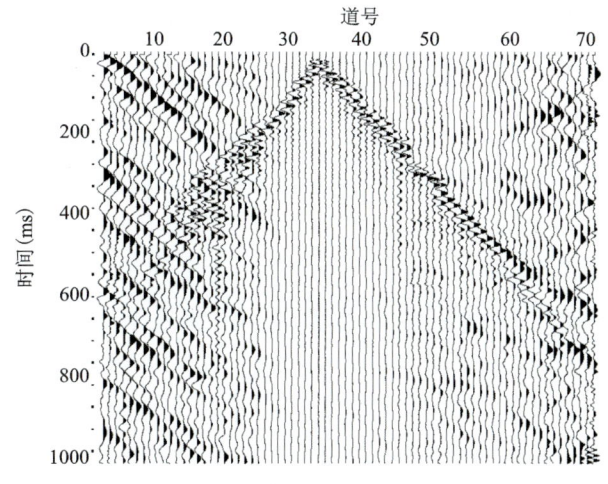

图 2-9　一个主动源原始炮集记录

距的增大，噪声干扰逐渐显现，说明主动源面波能量逐渐减弱。在离震源点较远的地震道（偏移距 150m）处仍然可以记录到较清晰的主动源面波。我们的目标是利用主动源面波数据获取地下 30m 以浅的横波速度结构，为满足该勘探深度要求，同时尽可能采用较少的地震道（较短的排列长度）以提高面波的水平分辨率，按照最佳排列长度约为 3 倍最大探测深度的经验准则，我们截取每一炮近偏移距 12 道（排列长度约为 55m）单边炮集记录进行主动源面波频散分析并提取频散曲线。

图 2-10 分别展示了 NE 和 SE 测线主动源 12 道炮集记录的示例和频散能量分析结果。从图 2-10(b) 和 (d) 频散能量图中，可以提取 5～30Hz 频带范围内的基阶瑞雷波频散曲线，该频段瑞雷波相速度范围为 150～250m/s。通过对每一个主动源炮集记录做相同处理，我们得到一系列的主动源瑞雷波频散曲线。

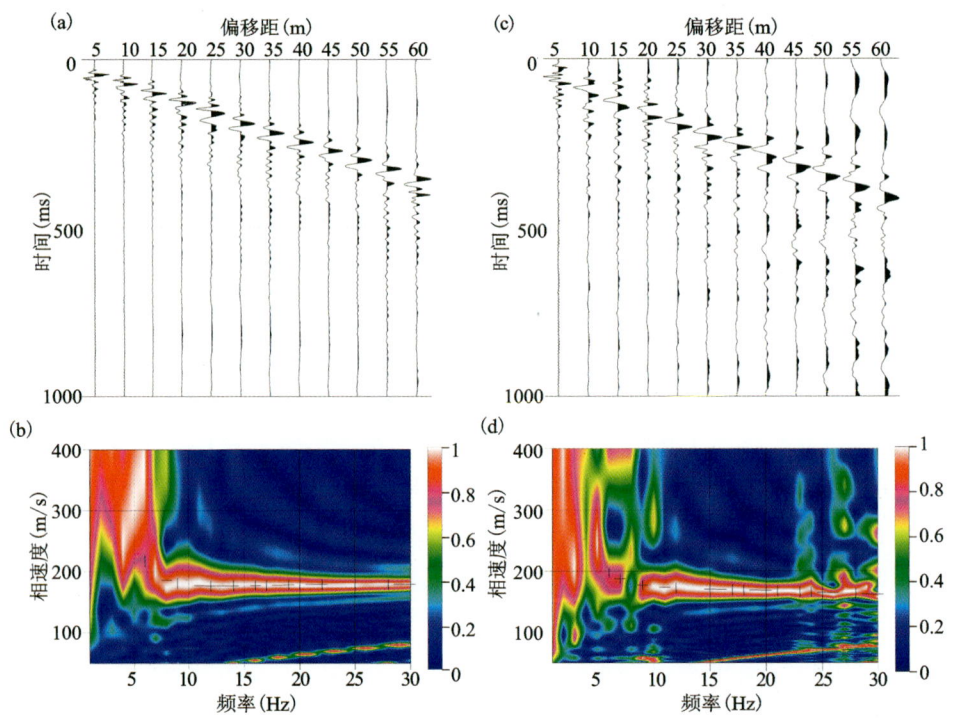

图 2-10　两条测线截取的主动源炮集记录示例及其频散能量图（十字点表示拾取的频散曲线）
(a)、(b)NE 测线；(c)、(d)SE 测线

被动源数据处理是从背景噪声记录中恢复格林函数，形成虚拟炮集记录后按主动源处理方法提取面波频散曲线。为了利用被动源面波信号获取地下 100m 以浅的横波速度结构，同时保证横向分辨率，我们每隔一个台站设为虚拟源（虚拟炮点间距约为 10m），相邻的 47 个台站记录与虚拟源分别进行互相关运算，形成包含 47 道（排列长度约为 235m）的虚拟炮集记录，用于面波频散曲线提取。

图 2-11 展示了其中一段 48 道 10min 时长的原始噪声记录，可以明显看到一些车辆行驶产生的同相轴信号。对噪声信号进行互相关运算之前，需要进行原始噪声的预处理工作，包括去均值、去趋势、滤波、分割窗口、时域归一化、谱白化等。我们比较测试了不同预处理参数

的成像效果，最终选择分窗时长 30s，使用白天 1h 的噪声记录可获取比较稳定的虚拟炮集记录和频散能量。

图 2-12(a)和(c)分别展示了 NE 和 SE 测线上利用 1h 数据进行互相关叠加运算，然后将所得互相关函数因果和非因果部分叠加后形成的虚拟炮集记录，可以看出虚拟炮集记录中含有高质量的面波能量。图 2-12(b)和(d)为对应的频散能量图，从图中可以看出面波频散能量在 2～15Hz 频带范围内非常聚焦且连续，可拾取的瑞雷波相速度范围为 150～600m/s。

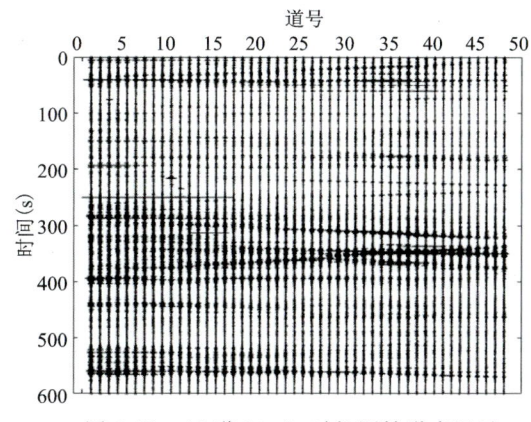

图 2-11　48 道 10min 时长原始噪声记录

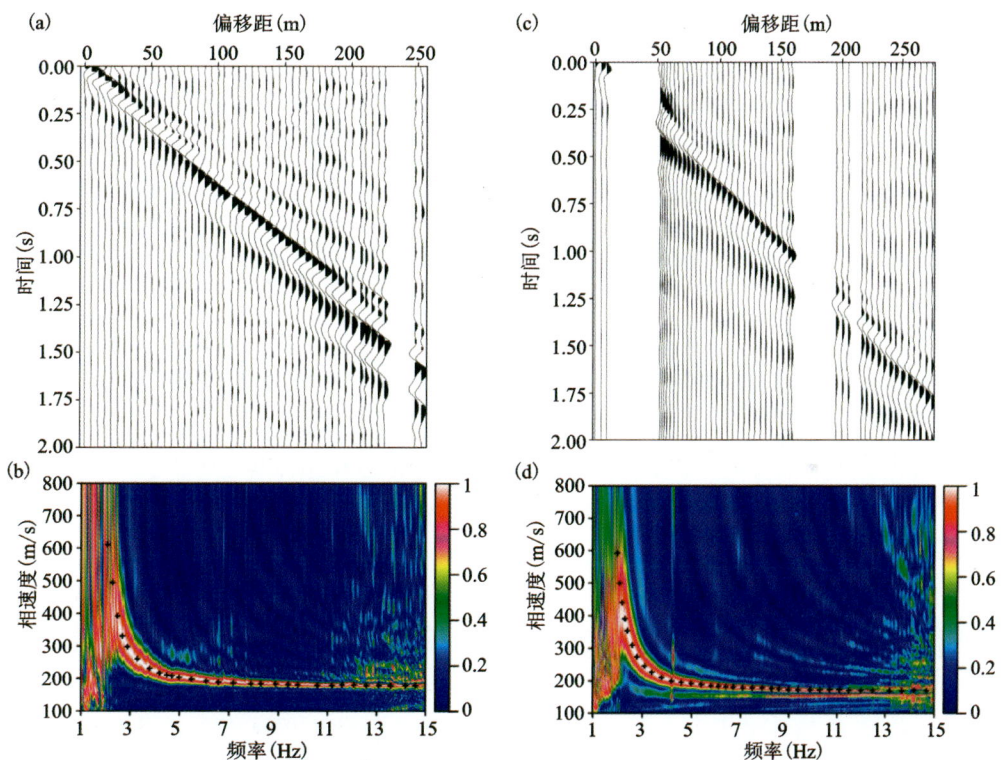

图 2-12　两条测线被动源虚拟炮集记录示例及其频散能量图（十字点表示拾取的频散曲线）
(a)、(b)NE 测线；(c)、(d)SE 测线

为了统计两条测线上所有虚拟炮集记录中的面波信号质量，我们计算了全部虚拟炮集记录的信噪比（图 2-13）。按照 Pang 等(2019)提出的方法，我们定义速度范围 100～600m/s 为信号窗，信号窗后续的尾迹部分为噪声窗，信噪比为信号振幅的平均值除以噪声振幅的平均值，计算可得每一个虚拟炮集记录的信噪比。从图 2-13 中可以看出，每条测线上各虚拟炮集信噪比值起伏差异不大，说明被动源面波数据质量均较高。整体来看，SE 测线的信噪比高于 NE 测线，说明 SE 测线从噪声记录中恢复的被动源面波数据质量更高。

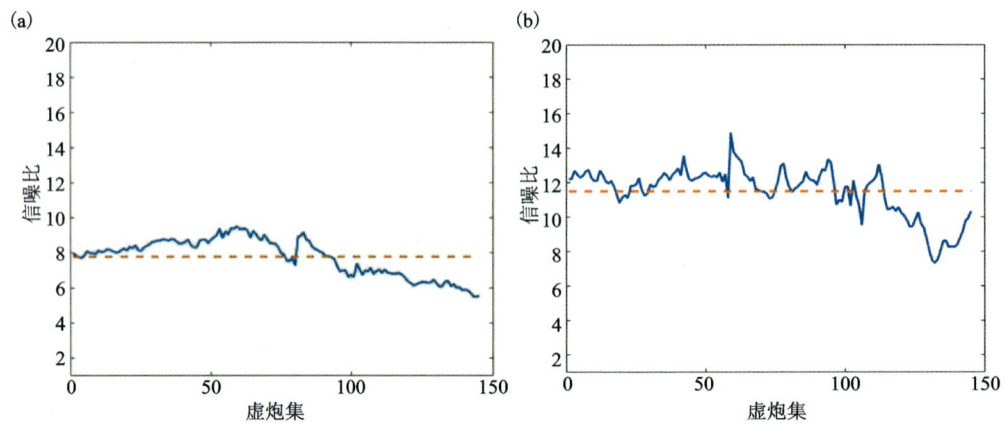

图 2-13 被动源虚拟炮集记录信噪比统计(棕色虚线为该条测线平均信噪比)
(a)NE 测线；(b)SE 测线

噪声源的分布会影响基于线性台阵的面波频散测量结果的准确性。城镇环境下，噪声源主要分布于马路上，当测线沿着马路布设时，可以获得准确的面波相速度。若存在偏离测线的方向性噪声源，会导致测得的面波相速度偏大，需要进行噪声源方位角校正，才能获得真实相速度。为了评估噪声源分布对线性台阵频散测量的影响，我们增加垂直测线布设的 6 个台站，通过聚束分析方法准确确定噪声源方位，并进行面波频散成像，提取更加可靠的频散曲线。将线性被动源面波多道分析提取的频散曲线分别与聚束分析和主动源面波多道分析结果进行比较，定量评价其准确性。

图 2-14 展示了两条测线各自对比结果。图 2-14(a)中，被动源面波多道分析结果是利用 NE-142 至 NE-189 共计 48 个线性台站成像，聚束分析结果是利用上述 48 个线性台站和 6 个 NE 偏线台站成像，主动源面波分析结果是选择炮点位于 NE-160 处，NE-161 至 NE-172 共计 12 道主动源信号成像。图 2-14(b)中，被动源面波多道分析结果是利用 SE-136 至 SE-183 共计 48 个线性台站成像，聚束分析结果是利用上述 48 个线性台站和 6 个 SE 偏线台站成像，主动源面波分析结果是选择炮点位于 SE-150 处，SE-151 至 SE-162 共计 12 道主动源信号成像。由于主动源信号无法获取低频段信息，因此我们只能比较高频段的频散曲线差异。图 2-14(a)和(b)对比结果均表明，3 种方法所得不同频率面波相速度基本一致，最大差异小于 5%。评估结果表明，利用线性沿道路布设的台阵获取的被动源面波相速度是准确的，不需要进行方位角校正，可以进行频散曲线反演获取准确的横波速度。

我们利用主动源面波频散曲线反演获取 30m 以浅的横波速度结构，利用被动源面波频散曲线反演获取 100m 以浅的横波速度结构。主动源、被动源数据聚焦的尺度不同，分辨率也不同，在接下来的反演过程中，主动源和被动源面波频散数据分开，各自进行反演获取横波速度结构。反演方法采用 Xia 等(1999)提出的面波频散曲线阻尼最小二乘迭代反演算法，初始模型依据频散曲线在高频和低频部分的渐近线，以及先验钻孔资料信息设置横波速度渐变的层状模型。

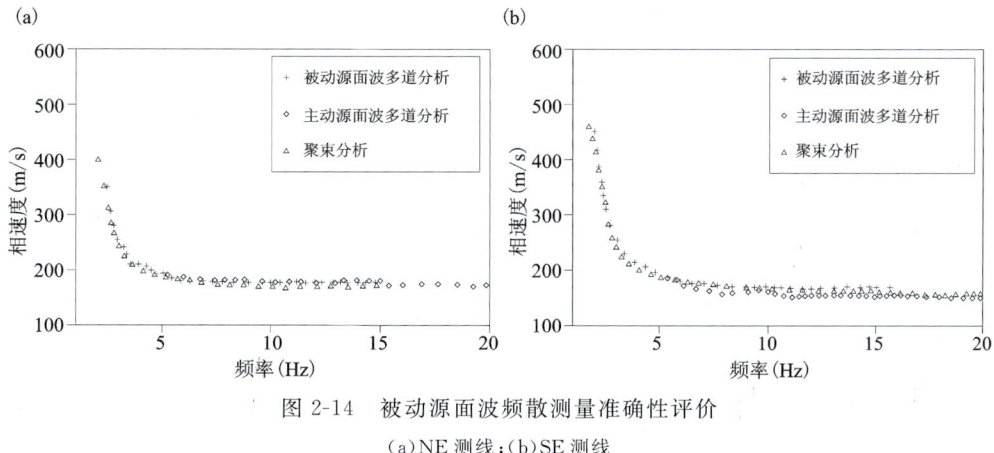

图 2-14 被动源面波频散测量准确性评价
(a)NE 测线；(b)SE 测线

图 2-15 展示了从图 2-10 中拾取的 NE 和 SE 测线各一条主动源面波频散曲线反演结果。图 2-15(a)和(d)展示了反演所得的横波速度曲线(红线)和初始模型横波速度曲线(黑线)；图 2-15(b)和(e)展示了反演结果与实测频散曲线拟合情况；图 2-15(c)和(f)为迭代过程均方根(RMS)误差收敛情况。从图 2-15 中可以看出，经过 3 次迭代，均方根误差即可下降到小于 3m/s，反演结果与实测频散曲线基本重合。反演所得横波速度曲线展示了检波器排列下方 30m 以浅的横波速度结构。

图 2-16 为被动源面波频散曲线反演示例。为了将反演结果与横波速度测井结果进行比较，我们在图 2-16 中分别展示 NE 和 SE 测线钻孔附近对应的反演结果。图 2-16(a)和(d)展示了被动源面波反演所得的横波速度曲线(红线)、初始模型横波速度曲线(黑线)，以及测井横波速度曲线(蓝线)；图 2-16(b)和(e)分别展示了反演结果与实测频散曲线拟合情况；图 2-16(c)和(f)为迭代过程均方根(RMS)误差收敛情况。

从图 2-16 中可以看出，第一次迭代后均方根误差下降明显，经过 2～4 次迭代后均方根误差趋于平缓，下降到小于 20m/s。两条测线的反演结果与实测频散曲线基本重合，反演所得横波速度曲线与横波速度测井曲线基本一致，证明了反演结果的可靠性。

将主动源和被动源面波反演所得的全部横波速度曲线各自进行拼接差值，可形成能够分别反映地下浅部和深部结构的多尺度横波速度剖面。通过综合主动源和被动源面波反演的横波速度剖面以及钻孔岩芯分析结果，我们刻画浅覆盖层和不同风化程度的基岩的精细分层结构。

图 2-17 展示两条测线分别获取的多尺度横波速度剖面和结合钻孔资料的地质分层结构。从被动源面波测量获取的 100m 以浅横波速度整体来看，地下结构呈层状分布，横向变化不大。从地表到 55m 深度，横波速度低于 400m/s，60m 以深，横波速度迅速增大，在 75m 深度以下，横波速度大于 800m/s。在 45～50m 深度，有一个相对高速层($380m/s < v_S < 420m/s$)。根据钻孔岩芯资料，55m 深度以浅为不同类型的土和砂，其中 45～50m 深度存在圆砾、含砾中粗砂层，引起较大的横波速度。55m 深度以深，为不同风化程度的泥质粉砂岩，随着深度增加，基岩风化程度降低，横波速度逐渐增大。

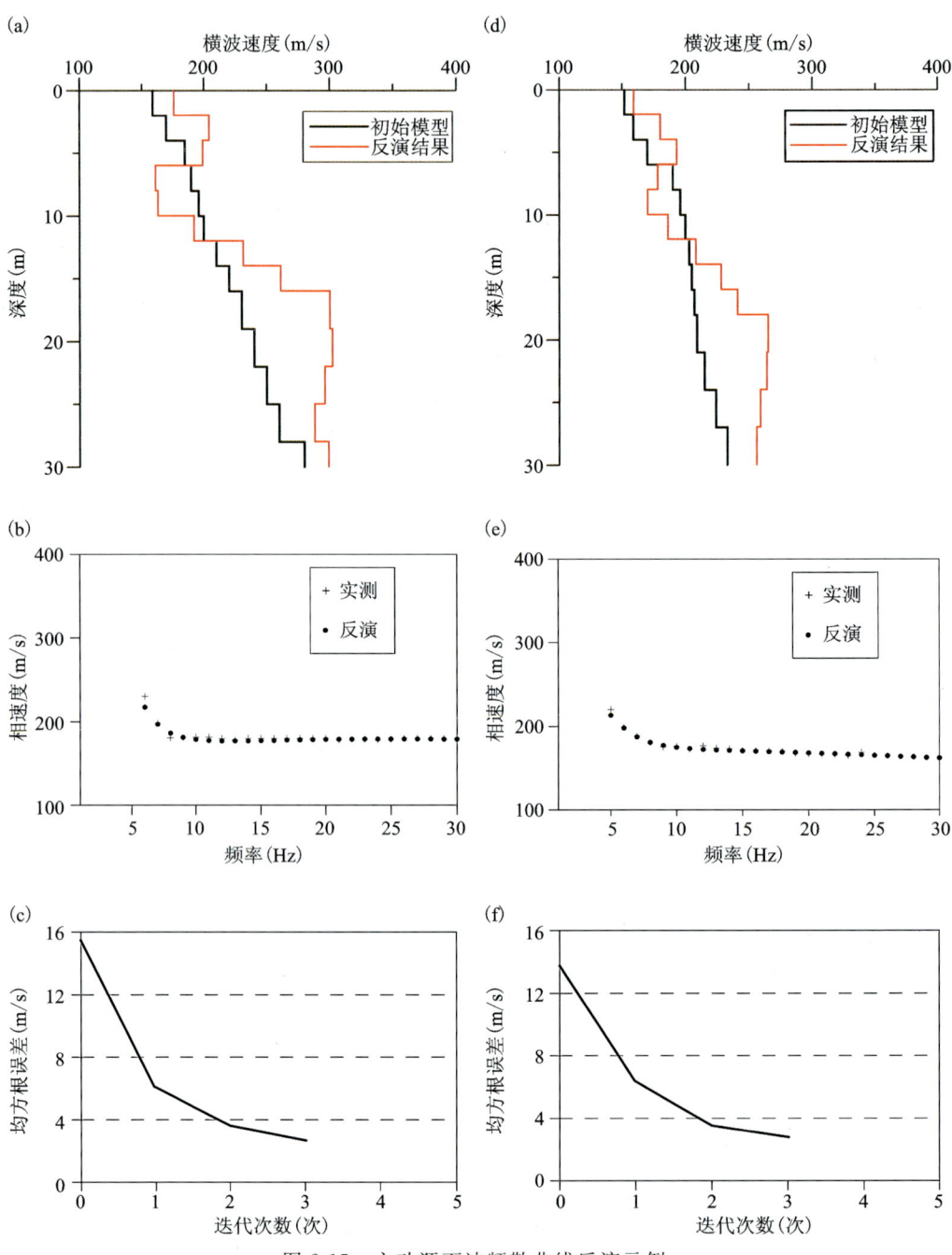

图 2-15 主动源面波频散曲线反演示例

(a)、(b)和(c)分别展示了 NE 测线频散曲线反演所得的横波速度模型、频散曲线拟合情况,以及迭代过程均方根误差收敛情况;(d)、(e)和(f)分别展示了 SE 测线频散曲线反演所得的横波速度模型、频散曲线拟合情况,以及迭代过程均方根误差收敛情况

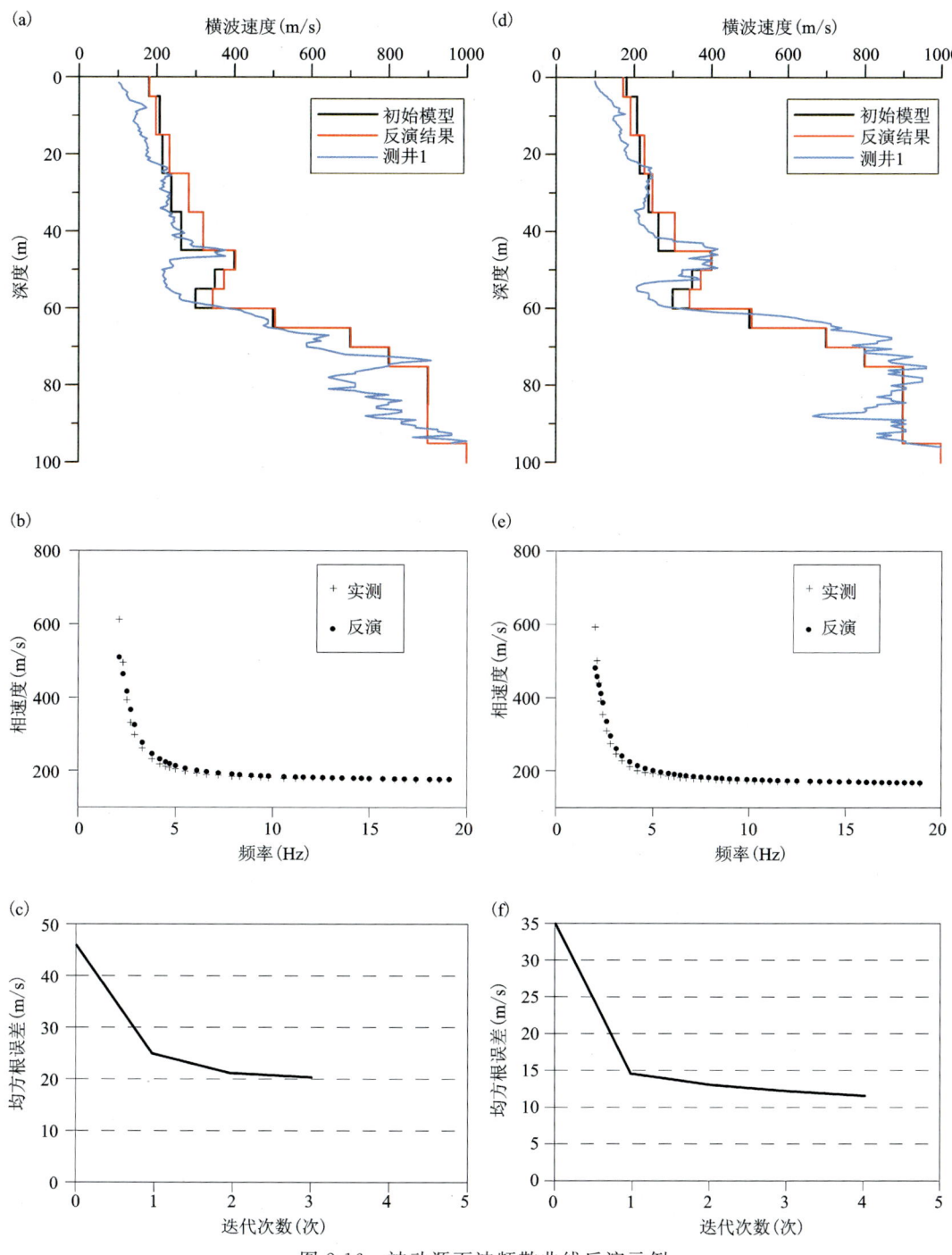

图 2-16 被动源面波频散曲线反演示例

(a)、(b)和(c)分别展示了 NE 测线一条频散曲线反演所得的横波速度模型、频散曲线拟合情况,以及迭代过程均方根误差收敛情况;(d)、(e)和(f)分别展示了 SE 测线一条频散曲线反演所得的横波速度模型、频散曲线拟合情况,以及迭代过程均方根误差收敛情况

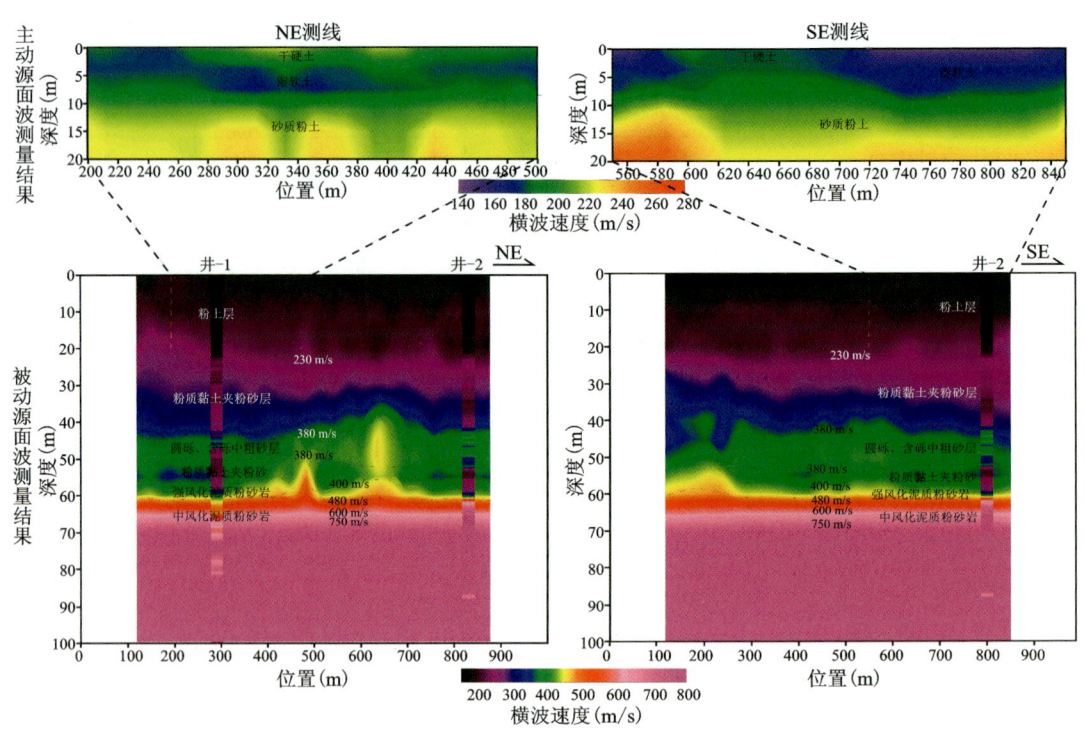

图 2-17 二维多尺度横波速度剖面及地质解释图

被动源面波测量结果难以精细刻画浅部（20m 以浅）土的结构与分层，从我们展示的两段主动源面波测量结果（图 2-10）可以看出，20m 以浅介质横波速度在 140～240m/s 范围。一些测段中，表层（0～3m）土干燥坚硬引起横波速度较大，下部（2～8m）土较湿软，横波速度低于表层，10m 深度以下横波速度逐渐增大。主动源和被动源面波测量获取的多尺度横波速度剖面精细刻画了测线下方覆盖层和基岩的分层结构。

本案例应用多源面波多道分析方法进行城市浅覆盖层和基岩结构精细调查，通过在杭州城区采集主动源、被动源面波信号，经过多道面波数据处理和反演分别获取了地下 30m 和 100m 以浅的多尺度横波速度结构。通过评估噪声源分布对沿道路线性台阵频散测量的影响，并将主动源、被动源面波频散测量结果相互验证，确保了对浅地表介质准确可靠的成像结果。结合钻孔测井资料约束，实现了二维横波速度剖面精细的地质解释，从而对浅覆盖层和基岩结构精细刻画和分层。本应用实例表明了城镇环境中利用多源面波多道分析方法获取浅覆盖层以及基岩结构的准确性和高效性。

3 反射地震探地镜

前面介绍了利用多源面波方法进行绿色地质勘查,现在来讨论地震体波中的反射勘探方法,它在煤田和油气勘探领域得到了高度认可。传统的地震体波反射方法主要利用来自波阻抗界面的反射波同相轴来刻画地质结构,据此获得地层界面、构造等信息。本项技术提出了利用反射波信息进行软土层层速度快速反演的方法,被称为"反射探地镜"。该方法将反射信号自适应提取、均方根速度自动拾取和层速度快速反演相结合,形成了一个用于近地表介质快速探测和反演的探地镜方法。该方法可以在地震数据采集的同时快速提供地下介质的结构信息和速度信息。在已知部分地质先验信息的情况下,可以将反演的层速度转换为岩石的单轴抗压强度,为地基评价提供基础数据。

3.1 探测原理

探地镜与传统的地震反射波地震采集方法是相同的。为了提高数据采集效率,可以采用二维地震采集方式。检波器道间距宜设置为 $2\sim5$m,单边或中间放炮均可,最小偏移距 $1\sim2$ 个道间距。对获得的地震单炮数据进行滤波、初至波切除、面波压制等预处理之后,进行反射信号自适应提取、均方根速度自动拾取和层速度快速反演,即可获得调查点的地层层速度数据。

1) 波场信息提取的自适应局部奇异值分解方法

传统的奇异值分解方法通常是对时间-空间域的整个地震数据进行奇异值分解。但地震数据中的目标信号和干扰信号有时并不是完整分布于整个数据空间,具有明显的稀疏性和不均匀性。因此,若想精准地提取地震波场信息,则需要进行地震数据的局部分析,采用先分类再提取的处理方案。

为了自适应划分地震数据局部区域的特征类型,以及自适应地选取地震数据奇异值分解的最佳奇异值数目,将地震数据的整体奇异值分解与局部奇异值分解相结合,创造了一种自适应局部奇异值分解方法(Adaptive Local Singular Value Decomposition,ALSVD)。该方法综合考虑了反射地震信号和绕射地震信号间的运动学差异(秩差异)和动力学差异(幅值能量差异),有效利用了地震数据奇异值分解的二阶差分谱特征,对地震数据反射信号和绕射信号的分离与提取具有明显效果。

自适应局部奇异值分解方法的核心在于局部地震数据类型参数 C_c 和奇异值最佳数目参数 K 的自适应获取,该方法主要包含6个步骤。

（1）将采集的炮集地震数据转换为共偏移距地震数据以突出反射信号与绕射信号之间的秩差异，以便进行地震信号的分离和提取。

（2）对单个共偏移距地震数据先进行一次整体数据的奇异值分解，计算获得其奇异值二阶差分谱，记其奇异值二阶差分谱的第一个值为C_1，令地震数据类型参数$C_c=C_1$。

（3）利用滑动矩形窗口将该共偏移距地震数据划分为若干个局部地震数据，滑动窗口的横向尺度和纵向尺度均接近于一个波长尺度。

（4）滑动窗口并对局部地震数据进行奇异值分解，计算得到局部地震数据的奇异值二阶差分谱，记局部地震数据的秩为r，局部地震数据二阶差分谱的第一个值为C_1，局部地震数据二阶差分谱的最大值为C_{max}，假设最大值C_{max}对应的奇异值序号为k。

（5）对比C_c和C_1值的大小，若$C_1>\beta \cdot C_c$，则说明该局部地震数据的奇异值向量属于可分型，可以分离出该局部地震数据中含有的反射信号，其奇异值最佳数目$K=k$，即选取该局部地震数据奇异值向量的前k个奇异值重建该局部地震数据中的反射信号，剩余$r-k$个奇异值重建该局部地震数据中的绕射信号；若$C_1\leqslant\beta \cdot C_c$，则说明该局部地震数据的奇异值向量属于不可分型，认为该局部地震数据中不含有反射信号或者该局部地震数据中的反射信号无法使用奇异值分解方法进行分离和提取，此时该局部地震数据的反射信号为空矩阵，所有r个奇异值都用于重建该局部地震数据的绕射信号；其中β为权重因子，默认设置为1，当地震数据特征较为复杂或者地震数据信噪比较低时，可以通过权重因子进行信号分离效果的调节。

（6）对所有局部地震数据完成步骤（5）的处理后，将各个局部地震数据中提取的反射信号数据和绕射信号数据分别拼接为一个完整的地震数据，拼接后的反射信号数据和绕射信号数据的大小与原共偏移距地震数据的大小一致，最后分别将反射信号数据和绕射信号数据转换到炮集域，以便进行后续的成像和反演工作。

2）均方根速度自动拾取

地震波速度是一个复杂的参数，它不仅与岩石成分、孔隙度、地层压力等岩石的物理地质参数有关，而且还与介质构造以及求取速度的方法密切相关。实际上，地震波速度的严格定义是指由岩石弹性参数和密度计算的纵波、横波速度。但通常地震数据的处理和解释中会用到各种不同的速度概念，这些速度概念在地震勘探中发挥着不同的作用。常用的速度概念有真速度、层速度和均方根速度（姚姚，2006）。真速度（Instantaneous Velocity）是指地震波在连续介质中沿射线方向传播的瞬时速度，是无限小体积岩石的固有性质。在层状平行的均匀介质假设下，每一层介质中真速度的平均就是该层的层速度（Interval Velocity）。在层速度的介质假设下，取各层层速度对垂直传播时间的均方根平均值，即为均方根速度（Root-Mean-Square Velocity，RMS Velocity）。

均方根速度自动拾取包括以下3个步骤。

（1）速度分析。地震数据中，某一炮检距处的反射波旅行时与零炮检距处的反射波旅行时之差称为正常时差（Normal Moveout，NMO），其数学表达为

$$\Delta t=\sqrt{T^2+\frac{x^2}{v^2}}-T \tag{3-1}$$

式中：Δt为正常时差；T为零炮检距处的反射波旅行时；x为偏移距；v为地震波速度。

将不同炮检距的反射波旅行时校正到零炮检距反射波旅行时的过程,即称为正常时差校正或动校正。应用于正常时差校正的速度称为动校正速度。在实际应用中,通常认为动校正速度和叠加速度是相等的,均指能对地震道集进行最佳叠加的速度值。在水平层状介质和较小炮检距条件下,叠加速度也等于均方根速度。

实际上,不仅单个水平界面的反射波时距曲线符合双曲线规律,多层倾斜介质下的反射波时距曲线也能够近似符合双曲线规律(Yilmaz,2001)。此时需要满足下列条件:①地表接收排列较短,即小排列要求;②地层倾角较小,即小倾角要求。此时反射波的旅行时表示为

$$t_i(x) = \sqrt{T^2 + \frac{x_i^2}{v_\sigma^2}} \tag{3-2}$$

其正常时差为

$$\Delta t_i = \Delta t_i(T, x_i, v_\sigma) = \sqrt{T^2 + \frac{x_i^2}{v_\sigma^2}} - T \tag{3-3}$$

上两式中:x_i 为第 i 道地震记录的炮检距;t_i 为第 i 道地震记录的反射波信号旅行时;Δt_i 为第 i 道地震记录的正常时差;T 为反射波信号的双程旅行时;v_σ 为反射波信号对应的均方根速度。

如果能从地震记录中准确地拾取反射信号旅行时 T 和 t_i,则可以通过式(3-2)直接得到均方根速度 v_σ。但从地震数据中准确拾取反射信号的旅行时是一件困难的事情(牟永光,2007),因此不能直接利用式(3-2)计算 v_σ。

实际上,均方根速度的求取采用的是多道地震信号最佳估计的方法。可以设想,当分别选择不同的 $T_j(j=1,2,\cdots,n)$ 和 $v_k(k=1,2,\cdots,m)$ 代入式(3-2)时,实际上就在 t-x 平面确定了一条条不同的双曲线轨迹 $L_p(p=1,2,\cdots,n\cdot m)$,沿着该双曲线轨迹 L_p 对各个炮检距上的反射波振幅进行叠加,得到对应于 T_j 和 v_k 的叠加振幅值 $A_p(1,2,\cdots,n\cdot m)$。当 $T_j=T$ 且 $v_k=v_\sigma$ 时,不同炮检距地震道上的振幅同相叠加,叠加振幅 A_p 取得最大值。

因此,选择一系列的 T_j 和 v_k 去拟合反射波地震信号,当估计的反射波地震信号与地震数据中的反射波地震信号的误差最小时,v_k 即为求取的均方根速度。

(2)速度谱的图像增强处理。地震波在传播过程中,不可避免地会受到波前扩散、介质吸收、透射损失、反射系数、波型转换等因素的影响,因此地震数据深层反射信号的强度会明显小于浅层反射信号的强度。在速度谱中,则表现为浅层能量团的数值会远大于深层能量团的数值,这对后续的速度谱曲线拾取具有明显不利影响。

为了克服这种能量不均衡现象以及为速度谱曲线的自动化拾取提供基础,本书提出了一种基于加窗能量补偿和统计平均值滤波的速度谱图像增强方法。它能使得速度谱浅层和深层的能量更加均衡,有利于速度谱曲线的自动化拾取。

速度谱的加窗能量补偿首先考虑了地震波的波前扩散效应,即地震波振幅随传播距离的增大而减小,其数学表达为

$$\frac{A}{A_0} = \frac{1}{r} \tag{3-4}$$

式中:r 为地震波传播距离;A 为地震波距离震源 r 处的振幅;A_0 为地震波距离震源单位距离($r=1$)处的振幅。

由于地震波的传播距离难以从地震数据中直接获得,因此可采用双程旅行时近似代替地震波的传播距离,进而对单道地震数据的振幅进行加权,此时的加权函数是线性分布的。进一步考虑地震波传播过程中其他因素对振幅的影响,其深层反射信号应衰减更快,因此可以采用窗函数的处理方法增强补偿效果。

为了使得聚类分析方法能够较好地拾取均方根速度,还需要对加窗能量补偿后的速度谱数据进行统计平均值滤波处理。假设速度谱数据 S 为一个 $n \times m$ 的二维数据,$s_{i,j}$ 表示速度谱数据中第 i 行第 j 列的元素。

速度谱统计平均值滤波处理的步骤如下:①计算速度谱数据的均值 M,即数据值之和除以数据个数;②比较各数据元素 $s_{i,j}$ 和均值 M 的大小,若 $s_{i,j} > M$,则 $k = s_{i,j}/M$ 且 $c = s_{i,j}$;③遍历计算速度谱数据中的所有元素,然后对 k 和 c 分别进行求和,得到 K 和 C,最终得到速度谱数据的统计平均值 $\overline{M} = C/K$;④将 $s_{i,j}$ 与 $\overline{M}$ 进行大小比较,若 $s_{i,j} > \overline{M}$,则将速度谱数据中的元素 $s_{i,j}$ 赋值为 1,否则赋值为 0。

速度谱数据经过上述的统计平均值滤波处理后,成为一个由 0 和 1 组成的二维矩阵,因此也可称其为二值化滤波处理。二值化滤波处理考虑了速度谱数据的空间稀疏性,处理后的速度谱数据不再含有能量团幅值大小的信息,仅含有能量团在 t-v 平面的空间分布信息,这有助于后续的 DBSCAN 聚类及速度谱曲线自动拾取。速度谱的加窗能量补偿和统计平均值滤波凸显了速度谱中主要能量团的空间分布特征,具有类似图像增强处理的效果。

3)基于 DBSCAN 聚类的均方根速度自动拾取

DBSCAN(Density Based Spatial Clustering of Applications with Noise)是一种无监督机器学习算法。DBSCAN 作为一种对噪声鲁棒的空间聚类算法,它可以找到数据中样本点的全部密集区域,并将这些密集区域作为一个个聚类簇,因此可以在带有"噪声"的空间数据中发现任意形状的聚类(伍育红,2015)。DBSCAN 算法最初由 Ester 等在 1996 年的数据挖掘会议 KDD(Association for Computing Machinery's Special Interest Group on Knowledge Discovery and Data Mining)中提出(Ester et al.,1996)。此后该算法在理论和实践中受到了较为广泛的关注,并因此在 2014 年获得了 SIGKDD 会议的 test-of-time 奖。

DBSCAN 算法的核心思想是基于密度进行聚类。它有两个重要的算法参数:邻域半径 Epsilon 和最小点数 minPts。这两个算法参数实际上描述了数据空间中的密集与否,当邻域半径内的点数大于最小点数时,认为达到了空间密集的要求。

在 DBSCAN 算法中,可将数据空间中的点划分为 3 类:核心点(Core Point)、边界点(Border Point)和噪声点(Noise Point)。邻域半径 Epsilon 内点数大于或等于 minPts 的点称为核心点。不属于核心点但在某个核心点的领域内的点称为边界点,既不是核心点也不是边界点的点称为噪声点。如图 3-1 所示,A 为核心点,B 和 C 为边界点,N 为噪声点。

在 DBSCAN 算法中,点与点之间定义了 3 类关系,密度直达(Directly density-reachable)、密度可达(Density-reachable)和密度相连(Density-connected)(Hahsler et al.,2015)。以图 3-1 为例,图中 A 为核心点,P_1 在 A 的 Epsilon 邻域内,因此称 P_1 到 A 密度直达。同理,C 到 P_1 密度直达。但密度直达不具有对称性,例如 P_1 到 C 则不是密度直达(C 不是核心点)。由于 P_1 到 P_2 密度直达,P_2 到 P_3 密度直达,P_3 到 P_4 密度直达,P_4 到 B 密度直达,则称 P_1 到

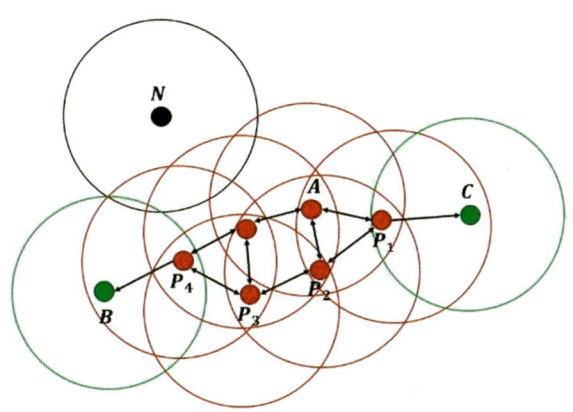

图 3-1　DBSCAN 聚类模型示意图（A 为核心点，B 和 C 为边界点，N 为噪声点）

B 密度可达，即密度可达关系包含了密度直达关系。由于 A 到 B 密度可达，且 A 到 C 密度可达，则称 B 和 C 密度相连。除了以上定义的 3 类关系外，还可以将不属于密度相连的两个点之间的关系称为非密度相连，如点 N 和点 B。

DBSCAN 算法主要包括以下两个步骤：一是寻找核心点形成临时聚类簇，即扫描数据空间中的所有点，如果某个点 Epsilon 邻域内的点数大于 minPts，则将其归类为核心点，并将其密度直达的点形成对应的临时聚类簇；二是扩展更新聚类簇，即检查每一个临时聚类簇中的点是否为核心点，如果是，则将该点对应的临时聚类簇和当前的临时聚类簇合并，扩展为新的临时聚类簇。重复步骤二，直到当前临时聚类簇中的点要么为噪声点，要么其密度直达的点都属于该临时聚类簇，此时即为最终的聚类簇结果。

DBSCAN 算法聚类速度快，对于密度相同的数据具有良好的聚类效果。相比于 K-means 聚类方法，DBSCAN 算法不需要指定簇的数量，且可以通过聚类参数 Epsilon 和 minPts 的调整来实现聚类效果的改善（Schubert et al.，2017；王光等，2020），因此适合于图像增强处理后的速度谱数据。

利用 DBSCAN 聚类算法进行速度谱曲线的自动拾取，首先需要将速度谱数据聚类划分为若干个数据子集，每个数据子集对应着 $t\text{-}v$ 平面中的一个空间分布范围。根据每个数据子集的空间分布范围，对原始互相关速度谱数据进行最大值的搜索，此时最大值的位置即为该数据子集的聚类点位置。若原始速度谱数据中的最大值不是一个点，而是一片区域，则取数据子集空间范围内最大值区域的中点位置作为该数据子集的聚类点位置。然后按时间采样顺序对聚类点的速度值进行线性插值处理，便可以自动拾取得到地震数据速度谱的均方根速度。

假设利用 DBSCAN 聚类算法得到了 p 个聚类点，它们在 $t\text{-}v$ 平面中的坐标分别为 $(v_1,t_1),(v_2,t_2),\cdots,(v_p,t_p)$，令 $v_0=v_1,t_0=0$，且有 $t_0<t_1<t_2<\cdots<t_p$，则线性插值的计算公式为

$$v_{\text{rms}}(i_t) = v_{i-1} + \frac{v_i - v_{i-1}}{t_i - t_{i-1}} \cdot (i_t \cdot \mathrm{d}t - t_{i-1}) \tag{3-5}$$

式中：$\mathrm{d}t$ 为时间采样率；i_t 为采样点序号；v_{rms} 为均方根速度。

基于 DBSCAN 聚类和线性插值的均方根速度自动拾取方法，具有较好的准确性和较高的计算效率，其拾取结果为后续的层速度快速反演提供了基础。但该自动拾取方法对速度谱数据的要求相对较高，这也是地震数据的速度分析结果需要进行图像增强后处理的原因。

3.2 层速度快速反演

由速度谱得到的叠加速度，在水平层状介质假设下即为均方根速度，在倾斜界面情况下经过倾角校正也可视为均方根速度。但均方根速度是与地震波传播过程中所有经过介质均相关的一个物理概念，不能直接指示地下地层真实的地震波速度。因此需要将均方根速度转换为与具体地层岩性相关的层速度，这也是利用地震数据间接测量地下介质地震波速度的最常用方法之一。

在层状介质假设下，地震波到时是地震波沿着震源到检波器传播路径的层间慢度的积分。因此传统的层速度估计可以通过 Dix 公式显式直接求解（Dix，1955），其数学公式为

$$v_n = \sqrt{\frac{t_{0,n} v_{\sigma,n}^2 - t_{0,n-1} v_{\sigma,n-1}^2}{t_{0,n} - t_{0,n-1}}} \tag{3-6}$$

式中：v_n 表示第 n 层的层速度；$v_{\sigma,n}$ 表示第 1 层至第 n 层的均方根速度；$t_{0,n}$ 为第 1 层至第 n 层地震波沿法线传播的双程旅行时。

由此可见，当已知均方根速度 $v_{\sigma,n}$ 和 $v_{\sigma,n-1}$，以及与两者对应的双程旅行时 $t_{0,n}$ 和 $t_{0,n-1}$ 时，就可以计算出第 n 层的层速度。因此，利用 Dix 公式便可以逐层求得地下介质的层速度。

但这个求解过程在数学上是不适定的，均方根速度的微小误差就可能造成层速度估计值的发散（Hajnal et al.，1981）。当第 n 层的层速度估计存在较大误差时，下一层的层速度估计首先要补偿上一层估计的误差值，此后每一层的层速度估计值也必然存在误差，最终导致估计的层速度值产生振荡现象（Landa et al.，1991）。

为了改善层速度估计的稳定性，许多学者将层速度估计问题作为一个带正则化约束的最小二乘反演问题进行求解（Clapp et al.，1998）。在该求解过程中，层速度的估计问题成为正则化约束下的最小二乘优化（Least Squares Optimization with Regularization）问题。其目标是找到一个层速度模型，使得基于该层速度模型计算得到的均方根速度能够最佳拟合地震数据速度谱中拾取的均方根速度（叶勇，2008）。

正则化的方法使得解估计光滑化，但不利于获得间断型的层状介质模型。为了改善解估计的光滑性，有的学者将层速度估计作为 L_1 范数下的最优化问题进行求解（Li et al.，2009），有的学者在求解过程中加入速度变化趋势约束（Koren and Ravve，2006）或者边界约束（Gholami and Zabihi，2019），还有的学者采用遗传算法等非线性反演方法进行层速度的求解（张厚柱等，1995）。这些求解方法往往对初始速度模型有较强的依赖性或者需要更多的地质先验信息，而且极大地增加了层速度估计的计算量。

为了快速准确地求得地下介质的层速度模型，本章同时利用了均方根速度和反射信号的双程旅行时，采用广义线性反演（Generalized Linear Inversion）方法进行层速度的快速估计（杨文采等，1987）。

假定从速度谱数据中获得的均方根速度序列为 $\{v_{\sigma,1}, v_{\sigma,2}, \cdots, v_{\sigma,m}\}$，它对应的时间序列为 $\{t_{\sigma,1}, t_{\sigma,2}, \cdots, t_{\sigma,m}\}$，$m$ 为最大采样长度对应的采样点序号。n 代表速度谱中有效能量团的数目，同时也是地下介质反射界面的数目。$T_i(i=1,2,\cdots,n)$ 表示第 i 个界面的反射波双程旅行时，$T_0=0$。v_i 表示第 i 层介质的层速度（图 3-2）。

图 3-2 层速度模型参数示意图

需要说明的是，$\{t_{\sigma,1}, t_{\sigma,2}, \cdots, t_{\sigma,m}\}$ 是在时间上均匀采样的，它与 $T_i(i=0,1,\cdots,n)$ 之间的大小关系是明确的。假设 $T_0 < t_{\sigma,1} < t_{\sigma,2} \leqslant T_1 < t_{\sigma,3} < t_{\sigma,4} < \cdots < t_{\sigma,m} \leqslant T_n$，根据层速度与均方根速度的转换关系，可以列出如下方程组：

$$
\begin{aligned}
t_{\sigma,1} \times v_{\sigma,1}^2 &= (t_{\sigma,1} - T_0) \times v_1^2 \\
t_{\sigma,2} \times v_{\sigma,2}^2 &= (t_{\sigma,2} - T_0) \times v_1^2 \\
t_{\sigma,3} \times v_{\sigma,3}^2 &= (T_1 - T_0) \times v_1^2 + (t_{\sigma,3} - T_1) \times v_2^2 \\
t_{\sigma,4} \times v_{\sigma,4}^2 &= (T_1 - T_0) \times v_1^2 + (t_{\sigma,4} - T_1) \times v_2^2 \\
&\vdots \\
t_{\sigma,m} \times v_{\sigma,m}^2 &= (T_1 - T_0) \times v_1^2 + (T_2 - T_1) \times v_2^2 + \cdots + (t_{\sigma,m} - T_n) \times v_n^2
\end{aligned}
\tag{3-7}
$$

将上式化简，并写为矩阵方程形式：

$$\boldsymbol{b} = \boldsymbol{A}\boldsymbol{x} \tag{3-8}$$

其中向量 $\boldsymbol{b}$ 和 $\boldsymbol{x}$ 的元素分别为

$$
\begin{aligned}
b_i &= t_{\sigma,i} \times v_{\sigma,i}^2 \\
x_i &= \Delta T_i \times v_i^2
\end{aligned}
\tag{3-9}
$$

式中：$\Delta T_i = T_i - T_{i-1}$。

矩阵 $\boldsymbol{A}$ 为 $m \times n$ 的二维矩阵，它的元素满足：

$$a_{ji} = \begin{cases} 1 & k < i \\ (t_{\sigma,j} - T_{i-1})/\Delta T_k & k = i \\ 0 & k > i \end{cases} \tag{3-10}$$

此时，层速度估计问题即为线性方程组（3-8）的求解问题。

式（3-8）为线性超定方程组，且 $\boldsymbol{b}$ 和 $\boldsymbol{A}$ 是已知的，可采用广义线性反演方法求解该方程组的最小二乘解估计（杨文采，1997），从而求得 $\boldsymbol{x}$ 中的未知量 v_i。广义线性反演方法的核心在

· 53 ·

于求取目标方程组正过程算子矩阵 $\boldsymbol{A}$ 的广义逆矩阵 $\boldsymbol{G}$。

应用广义线性反演方法求解超定方程组时，往往会面临矩阵 $\boldsymbol{A}$ 奇异或者接近奇异的问题 (Jupp and Vozoff，1975)。此时常用的求解方法有 Wiggins 方法(奇异值分解法)和阻尼最小二乘方法(马奎特法)(阮百尧等，1997)。

Wiggins 方法建立在奇异值分解定理之上，即对矩阵 $\boldsymbol{A}$ 进行奇异值分解，然后舍弃分解后的小奇异值，利用舍弃小奇异值后的奇异值矩阵近似构建广义逆矩阵 $\boldsymbol{G}$。其数学表达为

$$\boldsymbol{A} = \boldsymbol{U}\boldsymbol{\Sigma}\boldsymbol{V}^{\mathrm{T}} \tag{3-11}$$

$$\boldsymbol{\Sigma} = \mathrm{diag}(\sigma_1, \cdots, \sigma_q, \sigma_{q+1}, \cdots, \sigma_k) \tag{3-12}$$

$$\boldsymbol{S} = \mathrm{diag}(\sigma_1^{-1}, \cdots, \sigma_q^{-1}, 0, \cdots, 0) \tag{3-13}$$

$$\boldsymbol{G} = \boldsymbol{V}\boldsymbol{S}\boldsymbol{U}^{\mathrm{T}} \tag{3-14}$$

$$\boldsymbol{x} \approx \boldsymbol{G}\boldsymbol{b} = \boldsymbol{V}\boldsymbol{S}\boldsymbol{U}^{\mathrm{T}}\boldsymbol{b} \tag{3-15}$$

式中：k 为矩阵 $\boldsymbol{A}$ 的秩；$\sigma_i(i=1,2,\cdots,k)$ 为矩阵 $\boldsymbol{A}$ 的奇异值；q 表示保留的奇异值的个数，也称为矩阵 $\boldsymbol{A}$ 的有效自由度。

Wiggins 方法对奇异值进行了截断，可以有效改善解估计的方差，即在数据到解空间的映射过程中，数据误差的放大能够得到较好的抑制。但由于它舍弃了小的奇异值，因此也降低了模型的分辨率。

最小二乘方法是找到一个模型向量 $\boldsymbol{x}$，使得模型向量的正演结果 $\boldsymbol{A}\boldsymbol{x}$ 与观测数据 $\boldsymbol{b}$ 在 L_2 范数意义下达到最小值。其数学表达为

$$\|\boldsymbol{e}\|_2^2 = (\boldsymbol{b}-\boldsymbol{A}\boldsymbol{x})^{\mathrm{T}}(\boldsymbol{b}-\boldsymbol{A}\boldsymbol{x}) = \min \tag{3-16}$$

假设 $\boldsymbol{x}=\hat{\boldsymbol{x}}$ 时取得最小值，则 $\hat{\boldsymbol{x}}$ 称为方程组 $\boldsymbol{A}\boldsymbol{x}=\boldsymbol{b}$ 的最小二乘解(姚姚，2002)。

令式(3-16)对 $\boldsymbol{x}$ 的一阶导数为 0，可得

$$\boldsymbol{A}^{\mathrm{T}}\boldsymbol{A}\boldsymbol{x} = \boldsymbol{A}^{\mathrm{T}}\boldsymbol{b} \tag{3-17}$$

式(3-16)称为法方程。与式(3-8)进行对比，可以发现最小二乘解相当于原超定方程组正则化后的解。而对于在最小二乘方法基础上改进的阻尼最小二乘方法，则是在正则化后的方程系数矩阵 $\boldsymbol{A}^{\mathrm{T}}\boldsymbol{A}$ 的对角元素上添加一个阻尼因子 ε^2，即将式(3-17)变为

$$(\boldsymbol{A}^{\mathrm{T}}\boldsymbol{A}+\varepsilon^2\boldsymbol{I})\boldsymbol{x} = \boldsymbol{A}^{\mathrm{T}}\boldsymbol{b} \tag{3-18}$$

其中阻尼因子 ε^2 为正数，它在方程解估计的分辨率和方差之间起调节作用。此时方程的解为

$$\boldsymbol{x} = (\boldsymbol{A}^{\mathrm{T}}\boldsymbol{A}+\varepsilon^2\boldsymbol{I})^{-1}\boldsymbol{A}^{\mathrm{T}}\boldsymbol{b} \tag{3-19}$$

对于式(3-19)，若仍然采用奇异值分解的方式进行表达，则有

$$\boldsymbol{A}^{\mathrm{T}}\boldsymbol{A} = (\boldsymbol{U}\boldsymbol{\Sigma}\boldsymbol{V}^{\mathrm{T}})^{\mathrm{T}}(\boldsymbol{U}\boldsymbol{\Sigma}\boldsymbol{V}^{\mathrm{T}}) = \boldsymbol{V}\boldsymbol{\Sigma}^{\mathrm{T}}\boldsymbol{\Sigma}\boldsymbol{V}^{\mathrm{T}} \tag{3-20}$$

$$\boldsymbol{A}^{\mathrm{T}}\boldsymbol{A}+\varepsilon^2\boldsymbol{I} = \boldsymbol{V}\boldsymbol{\Sigma}^{\mathrm{T}}\boldsymbol{\Sigma}\boldsymbol{V}^{\mathrm{T}} + \varepsilon^2\boldsymbol{I}\boldsymbol{V}\boldsymbol{V}^{\mathrm{T}} = \boldsymbol{V}(\boldsymbol{\Sigma}^{\mathrm{T}}\boldsymbol{\Sigma}+\varepsilon^2\boldsymbol{I})\boldsymbol{V}^{\mathrm{T}} \tag{3-21}$$

联合式(3-19)~式(3-21)，阻尼最小二乘解的奇异值分解表达形式为

$$\begin{aligned}\boldsymbol{x} &= (\boldsymbol{A}^{\mathrm{T}}\boldsymbol{A}+\varepsilon^2\boldsymbol{I})^{-1}\boldsymbol{A}^{\mathrm{T}}\boldsymbol{b} \\ &= \boldsymbol{V}(\boldsymbol{\Sigma}^{\mathrm{T}}\boldsymbol{\Sigma}+\varepsilon^2\boldsymbol{I})^{-1}\boldsymbol{V}^{\mathrm{T}}\boldsymbol{V}\boldsymbol{\Sigma}\boldsymbol{U}^{\mathrm{T}}\boldsymbol{b} \\ &= \boldsymbol{V}(\boldsymbol{\Sigma}^{\mathrm{T}}\boldsymbol{\Sigma}+\varepsilon^2\boldsymbol{I})^{-1}\boldsymbol{\Sigma}\boldsymbol{U}^{\mathrm{T}}\boldsymbol{b}\end{aligned} \tag{3-22}$$

令 $\hat{\boldsymbol{S}} = (\boldsymbol{\Sigma}^{\mathrm{T}}\boldsymbol{\Sigma} + \varepsilon^2 \boldsymbol{I})^{-1}\boldsymbol{\Sigma}$，则有

$$\boldsymbol{x} = \boldsymbol{V}\hat{\boldsymbol{S}}\boldsymbol{U}^{\mathrm{T}}\boldsymbol{b} \tag{3-23}$$

其中

$$\hat{\boldsymbol{S}} = \mathrm{diag}\left(\frac{\sigma_1}{\sigma_1^2 + \varepsilon^2}, \frac{\sigma_2}{\sigma_2^2 + \varepsilon^2}, \cdots, \frac{\sigma_k}{\sigma_k^2 + \varepsilon^2}\right) \tag{3-24}$$

从式(3-24)可以看出，阻尼最小二乘方法实质上保留了全部的奇异值，并对所有奇异值均添加了阻尼项。当奇异值趋于 0 以及观测数据存在误差时，阻尼最小二乘方法可以有效抑制解的不稳定性。但由于阻尼最小二乘方法不仅修改了较小的奇异值，对较大的奇异值也进行了修改，因此也降低了模型的分辨率。

对比阻尼最小二乘方法的解估计(3-23)和 Wiggins 方法的解估计(3-15)，可以看出两者具有相同的数学表达形式，其主要区别在于对奇异值矩阵的修改。为了降低求解过程对模型分辨率的影响，本研究的层速度反演方法吸取了两种方法的优点，采用加阻尼的截断奇异值修改策略，即对大的奇异值趋近 Wiggins 的修改准则，而对小的奇异值则趋于阻尼最小二乘方法的修改准则，其公式表达为

$$\begin{cases} \sigma'_i = 1/\sigma_i & i \geqslant q \\ \sigma'_i = \sigma_i/(\sigma_i^2 + \varepsilon^2) & i < q \end{cases} \tag{3-25}$$

令加阻尼截断奇异值修改策略修改后的奇异值矩阵为 $\tilde{\boldsymbol{S}}$，则层速度快速反演解估计为

$$\boldsymbol{x} = \boldsymbol{V}\tilde{\boldsymbol{S}}\boldsymbol{U}^{\mathrm{T}}\boldsymbol{b} \tag{3-26}$$

层速度快速反演方法兼取了 Wiggins 方法和阻尼最小二乘方法的优点，可以较好地提高解估计的质量。相比于正则化迭代求解方法，具有更高的计算效率。当观测数据 $\boldsymbol{b}$ 出现误差时，层速度快速反演方法给出的解可以有效抑制解的振荡，获得更稳定的反演结果。

3.3 应用目标和难点

探地镜主要的应用场景是地基勘查评价，应用目标包括场地土的类型划分、场地土层的地震反应分析，以及用波速计算泊松比、动弹性模量、动剪切模量等。根据《地基动力特性测试规范》(GB/T 50269—2015)，目前采用单孔法和跨孔法波速测试，以及面波来测量地基的波速参数。探地镜方法采用地面地震观测的方式，可以通过采集纵波、横波反射地震数据，对数据处理反演后同时给出纵波、横波速度参数。与目前的方法相比，探地镜不需要钻孔，是一种绿色的地球物理勘查方法。

从实际推广应用的角度来说，存在的难点主要如下。

(1)通过纵横波速度参数，如何准确地计算地基岩土动力参数，如抗压强度、抗剪强度等。

(2)《地基动力特性测试规范》(GB/T 50269—2015)已经提出了单孔法和跨孔法波速测试，以及面波法等纵横波速参数测量方法。这里提出的探地镜是一种新的地基波速参数测量方法，若想被纳入地基动力特性测试规范，还需要大量的现场应用检验。

3.4 方法技术创新要点

我国城镇的空间利用问题日益突出,一方面我们要保护好农田和耕地、保护好绿水青山,另一方面又面临着现代化和城镇化的快速发展。要处理好城镇的空间利用问题,则需要使得城镇空间的利用潜力最大化,如建造高层建筑和开发地下空间,而它们均依赖于近地表介质的物理属性和工程分类。因此,如何快速、准确、绿色地进行近地表介质的结构和物理属性探测,进而估计其岩土力学性质,是一个重要的研究课题。

探地镜方法基于地震波场信息的精细提取,建立了自动化的层速度快速反演流程,利用反演的层速度信息进一步估计地下介质的岩土动力参数,从而预测近地表介质的岩土力学性质。与目前的技术相比,探地镜包含了3个关键的技术创新,一是自适应的反射地震信号提取,二是自动化的速度分析,三是快速稳定的层速度反演,具体创新点如下。

(1)提出了"奇异值向量模式"和"奇异值二阶差分谱"的概念。基于"奇异值向量模式"和"奇异值二阶差分谱"的概念,提出了自适应局部奇异值分解方法,并将其应用于反射波信息的自动提取。

(2)提出了一种新的速度谱自动拾取策略,通过加窗能量补偿和统计平均值滤波对地震数据互相关速度谱进行图像增强处理,对图像增强处理后的速度谱进行DBSCAN聚类和线性插值,从而实现均方根速度的自动拾取。

(3)基于层速度和均方根速度的基本关系,提出了层速度快速反演方法。层速度快速反演方法采用了加阻尼的截断奇异值修改策略,对数据拾取中的随机误差干扰具有较好的压制作用,可以快速稳定地求得地下介质的层速度和层厚度。

3.5 最新应用

为了检验探地镜方法的实际应用效果,在浙江杭州和嘉兴进行了反射纵波的探地镜试验。杭州试验地点位于浙江大学紫金港校区,基岩深度约50m,主要为了测试在第四系浅覆盖地层的应用效果;嘉兴试验地点位于嘉兴市南湖区,基岩深度约240m,主要为了测试在较厚第四系覆盖地层的应用效果。对采集的地震数据进行了处理和反演,获得了地下介质的层速度。在已知部分地质先验信息的情况下,可以将反演的层速度转换为岩石的单轴抗压强度。其经验公式(杨文采,2012)为

$$R = 0.5[\rho v_P^2 (1-2\sigma)]/[C_P(1-\sigma)] \tag{3-27}$$

式中:R为岩石的单轴抗压强度;ρ为岩石密度;σ为岩石泊松比;v_P为岩石的纵波速度;C_P为常系数,与岩性有关。

单轴抗压强度是指岩石试件在单向压缩时所能承受的最大压力,简称抗压强度。同一岩石在不同状态下,其单轴抗压强度有所差别。根据岩石试件的含水状态不同,可分为干燥抗压强度、天然抗压强度与饱和抗压强度。根据工程需要和工程事件经验,通常采用岩石饱和单轴抗压强度R_c进行岩石坚硬程度的划分,即分为坚硬岩、较坚硬岩、较软岩、软岩和极软岩

5级(于德浩等,2017)。

岩石坚硬程度反映了岩石在外力荷载作用下抵抗变形直至破坏的能力,是地面建筑建造和地下空间开发等工程实践的重要参数。在已知工程区域的先验地质信息的情况下,可以根据式(3-27)将反演的层速度转换为岩石的单轴抗压强度,从而估计和划分地下介质的岩石坚硬程度。

1)浙江大学紫金港校区探地镜试验

图 3-3 为地震数据采集的布置示意图。激发震源为小吨位的夯击震源,观测方式为中间放炮双边接收,每炮均由 72 道检波器进行接收,炮间距和道间距均为 2m。时间采样率为 0.000 1s。

图 3-3　杭州试验地震数据采集布置示意图
(a)激发震源;(b)接收排列

图 3-4(a)为采集的单炮地震数据。该地震数据中反射信号较为明显,因此无须进行反射信号的提取。但由于其近偏移距部分的地震数据质量较差,因此处理时仅截取其左侧前 21 道地震数据进行速度谱的制作和分析,截取后的地震数据如图3-4(b)所示。

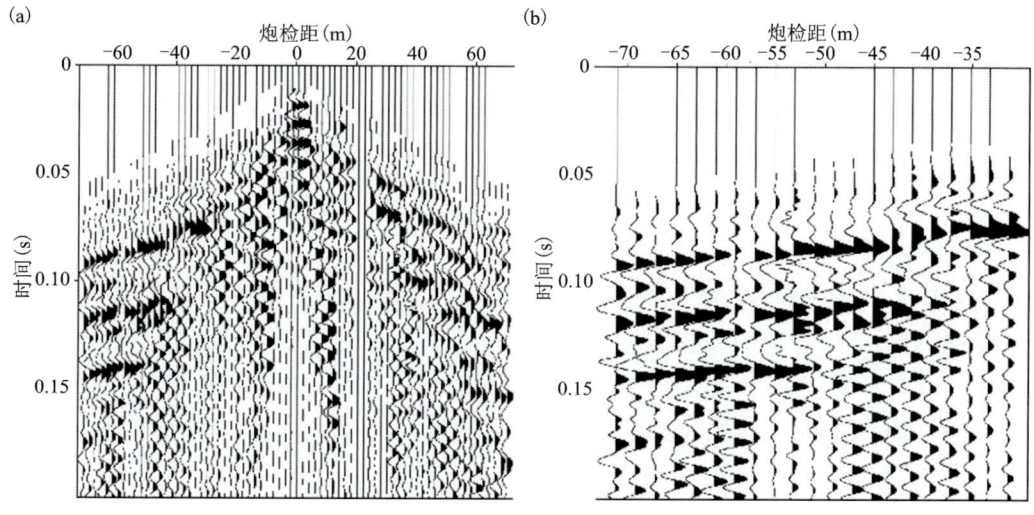

图 3-4　杭州试验地震单炮数据
(a)单炮地震数据;(b)截取的地震数据

对截取后的地震数据进行速度分析,图 3-5(a)即为该地震数据的互相关速度谱。经过速度谱图像增强处理后,最终的均方根速度拾取结果如图 3-5(b)中的红线所示。从图中可以看出,图像增强处理较好地限定了速度谱能量团的空间分布范围,为后续的均方根速度自动拾取提供了较好的数据基础。

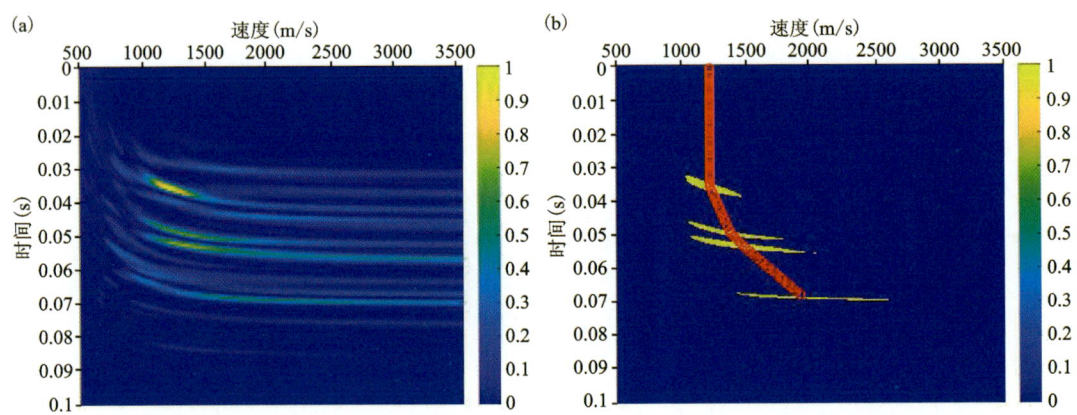

图 3-5 截取的地震数据的互相关速度谱(a)和图像增强处理后的速度谱及其均方根速度自动拾取结果(红色圆点)(b)

利用自动拾取的均方根速度进行层速度快速反演,其反演结果如图 3-5(b)所示。从图中可以看出,探地镜方法反演结果将地下介质分为 4 层,第 1 层介质层速度为 1 224.5m/s,厚度为 22m;第 2 层介质层速度为 1 716.5m/s,厚度为 11.6m;第 3 层介质层速度为 2 215.5m/s,厚度为 4.4m;第 4 层介质层速度为 3 005.4m/s,厚度为 23.1m。

对比岩土工程勘探报告的结果[图 3-6(a);张亚天,2018]可以发现地下介质的固结程度由上至下逐渐增强,这与深度越深层速度越大的趋势是一致的。由于岩土工程勘探结果采用的是直接钻探的方式,因此它具有很高的纵向分辨率。但由于该方法成本高昂,且仅能反映钻探点附近的地下介质,因此并不能广泛用于城市近地表软土层的探测。

另外,岩土工程的钻探位置与此次实际地震数据采集的位置相距 200m 左右,因此层速度反演的结果与岩土工程勘探结果必然会存在一定程度的偏差,但地下各层介质的分布趋势是一致的。通过两者的对比,可认为层速度反演的第 1 层介质大致反映了岩土工程勘探结果中的 1~4 层,层速度反演的第 2 层介质大致反映了岩土工程勘探结果中的 5~7 层,层速度反演的第 3 层介质大致反映了岩土工程勘探结果中的 8~10 层,层速度反演的第 4 层介质大致反映了岩土工程勘探结果中的 11~13 层。

在已知部分地质先验信息的情况下,探地镜方法可以进一步给出地下介质岩土力学性质的估计结果,如图 3-6(c)所示。首先基于岩土工程勘探结果估算得到 $C_P = 4.3 \times 10^5$,然后利用换算公式(3-27)进行单轴抗压强度的计算。其中各层地下介质的密度和泊松比参数如表 3-1 所示。1~4 层地下介质单轴抗压强度的最终估计结果分别为 1.05MPa、3.00MPa、5.00MPa 和 14.00MPa。根据《工程岩体分级标准》(GB/T 50218—2014)的岩石坚硬程度划分标准(表 3-2),前 3 层划分为极软岩层,第 4 层划分为软岩层。

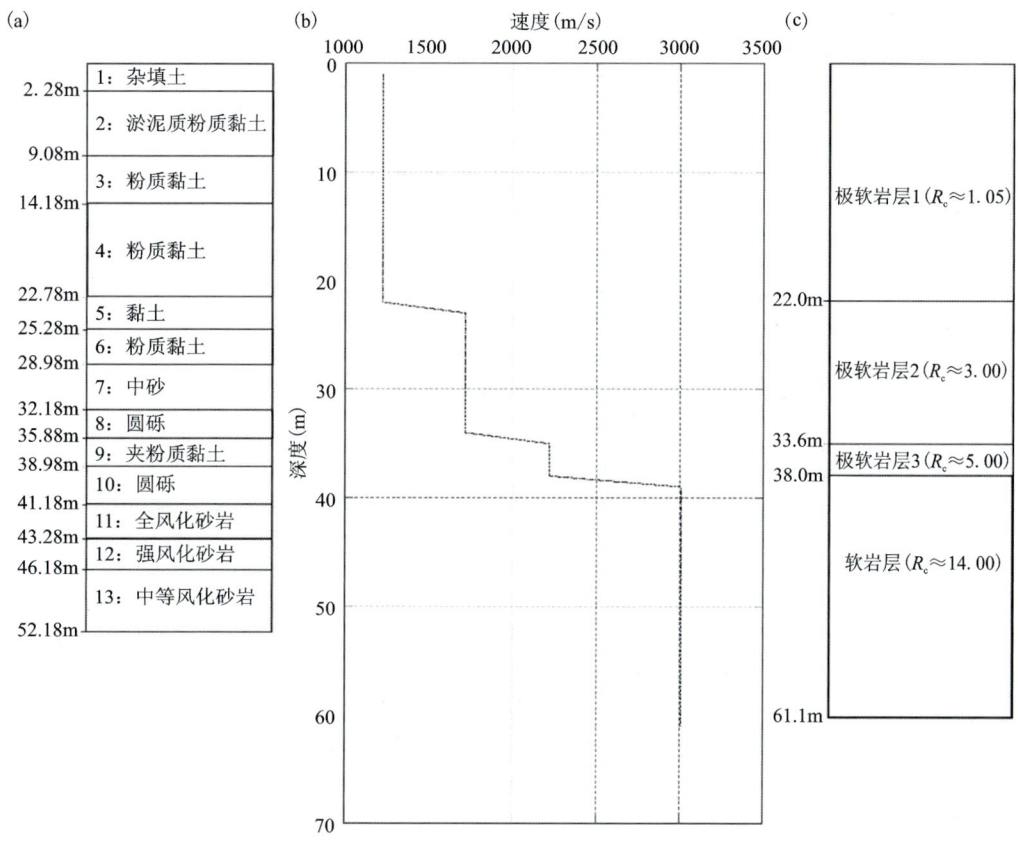

图 3-6 探地镜在岩土工程中的应用

(a)岩土工程勘探结果;(b)层速度快速反演结果;(c)岩土力学性质结果

表 3-1 实际数据探地镜实验参数

分层	纵波速度(m/s)	密度(g/cm³)	泊松比
第1层	1 224.5	1.8	0.4
第2层	1 716.5	1.9	0.35
第3层	2 215.5	1.9	0.35
第4层	3 005.4	2.0	0.25

表 3-2 岩石坚硬程度划分

分类	岩石坚硬程度	岩石饱和单轴抗压强度R_c(MPa)
硬质岩	坚硬岩	>60
	较坚硬岩	60~30
软质岩	较软岩	30~15
	软岩	15~5
	极软岩	≤5

通过实际地震数据应用示例,可以看到探地镜方法提供的层速度反演结果与地下介质的岩性分层具有较好的对应关系。虽然探地镜方法只将地下介质划分为了4层,但具有无损、快速、成本较低等特点。此外,探地镜方法对表土层和基岩层等强波阻抗界面具有较好的分辨能力,可以较好地确定表土层底界面和基岩层顶界面的深度。当已知部分地质先验信息时,探地镜方法可以进一步估计岩石的单轴抗压强度,从而进行地下介质坚硬程度和岩土体稳定性的判断。

2)嘉兴南湖区探地镜试验

嘉兴南湖区地震采集设备与杭州浙大紫金港校区是相同的,只是观测参数有所区别。图3-7为地震数据采集的布置示意图。每炮均由60道检波器进行接收,单边放炮,道间距均为3m,炮间距为6m。时间采样率为0.000 1s。

图3-7 嘉兴试验地震数据采集布置示意图
(a)激发震源;(b)接收排列

图3-8(a)为采集的单炮地震数据。该地震数据中初至波、面波发育区与反射波分布在不同的位置,所以采用切除的方法即可把初至波和面波干扰去掉。原始地震数据上还存在一些高频干扰,采用滤波的方法即可去除。处理后的单炮地震数据如图3-8(b)所示。从图3-8可以看出,地震反射波较为清晰,为后续的速度分析提供了良好条件。

对处理后的地震数据进行速度分析,图3-9(a)即为该地震数据的互相关速度谱。经过速度谱图像增强处理后,最终的均方根速度拾取结果如图3-9(b)中的红线所示。从图中可以看出,图像增强处理较好地限定了速度谱能量团的空间分布范围,为后续的均方根速度自动拾取提供了较好的数据基础。

利用自动拾取的均方根速度进行层速度快速反演,其反演结果如图3-10(a)所示。从图可以看出,探地镜方法的反演结果将地下介质分为6层,第1层介质层速度为1491m/s,厚度为72m;第2层介质层速度为2000m/s,厚度为63m;第3层介质层速度为1485m/s,厚度为4m;第4层介质层速度为2100m/s,厚度为68m;第5层介质层速度为4210m/s,厚度为43m;第6层介质层速度为4800m/s。根据层速度分布情况,估算了岩石强度参数,并给出了地基利用建议,如图3-10(b)所示。

3 反射地震探地镜

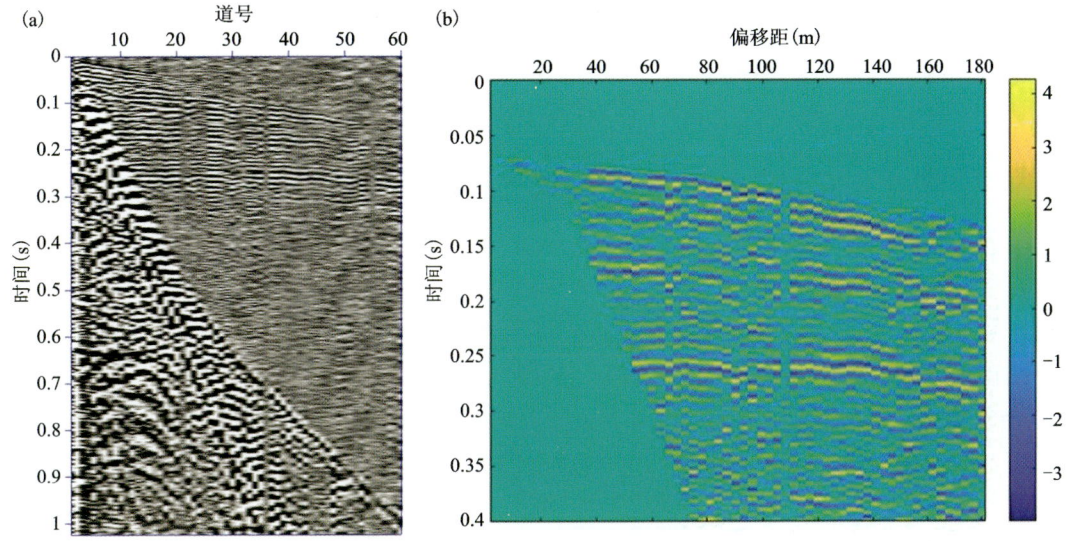

图 3-8 嘉兴试验地震单炮记录
(a)原始数据;(b)处理后的单炮地震数据

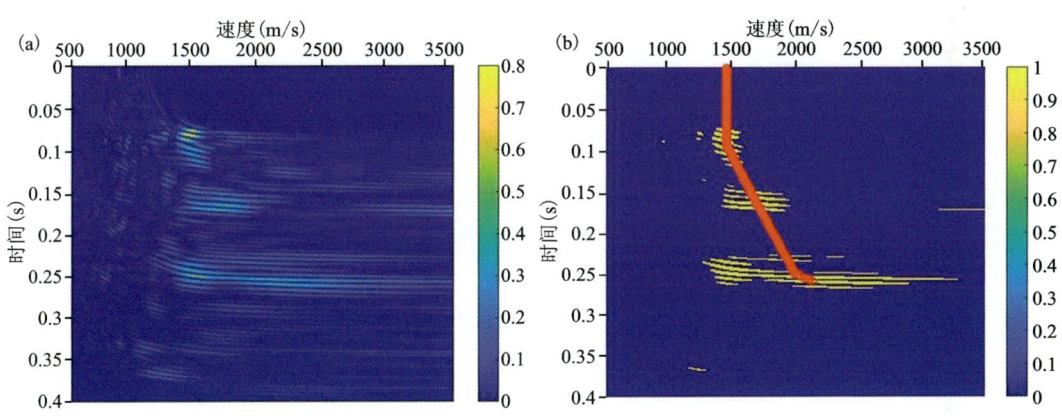

图 3-9 均方根速度分析与自动拾取结果
(a)截取的地震数据的互相关速度谱;(b)图像增强处理后的速度谱及其均方根速度自动拾取结果(红色圆点)

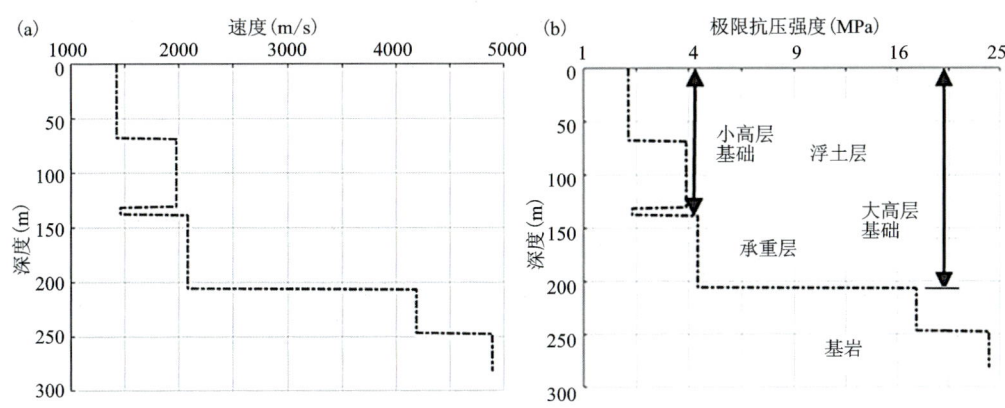

图 3-10 层速度与抗压强度参数
(a)层速度;(b)抗压强度及地基利用建议

4 三维与四维地震体波层析成像

地震层析成像(简称地震CT)现在已经是一项成熟的地球物理探测技术(刘建华等,1989;杨文采等,1989,1991,1993,1995;Marone et al.,2004;Huang and Zhao,2006;瞿辰等,2010,2013;Simmons et al.,2012)。1979年,计算机层析成像(简称CT)方法获得诺贝尔生理学或医学奖;1984年,美国哈佛大学推出了全地幔地震层析成像图(Woodhouse and Dziewonski,1984)。1985年,中国地球物理学会召开地震层析成像研讨会,此后,地球物理探测和信息技术很快发展,地球内部更深更精细的成像成果不断涌现。层析的意思是把不可分割的对象设想地分割为一系列薄片,分别测出每一个薄片上研究对象的图像。和医学CT不同的是,地震CT将地震波作为激发测量的能量,用地震仪接收地震波。地震像一盏灯,发生时产生地震波,穿透了地球内部,瞬间泄露了地球的奥秘,成为人类了解全球内部和大区域地壳地幔的信息源。对于地壳表层的探测,可以应用人工震源,如炸药、重锤或电火花,激发地震波。地震波能传过地球内部的任何介质,地球介质是信息传输器,其地震波的速度扰动和波阻抗差别就反映了地下的物质变化(Gary et al.,2009)。

4.1 方法简介

地震波有纵波(P波)、横波(S波)和面波,其中哪些震相适用于地震CT? 由于纵波的初至走时易于准确地确定,因此P波层析图最为准确可靠。由于横波速度低于纵波,它出现在纵波与面波震相之间,拾取的走时数据精度较差,用它进行高分辨率成像有一些困难。周期大的面波在大地震后环绕地球,在地震图中容易确定其群速度并可根据其频散特征计算相速度。长周期的面波穿透深度较大,短周期面波穿透深度较小,因此可用面波数据进行分辨率比较低的层析成像。面波层析成像结果可通过换算得到横波速度的层析图集。

层析成像需要定义一个规则的介质网格化模型[图4-1(a)],它包括像元的位置、尺寸及成像区域的边界。对射线追踪计算而言,像元最好是等尺寸的,因为不可能逐一去定义成千上万个像元的几何参数。在理论上,层析成像还需要每个像元内最少有两条方向不完全相同的射线通过,否则容易造成假像。层析成像还需要有震源位于成像区域的边界之外不远处,并均匀分布于其空间区域五周(四周+底面),这在地表面采集数据时是难以实现的,从而影响了地震层析成像的分辨率。

4 三维与四维地震体波层析成像

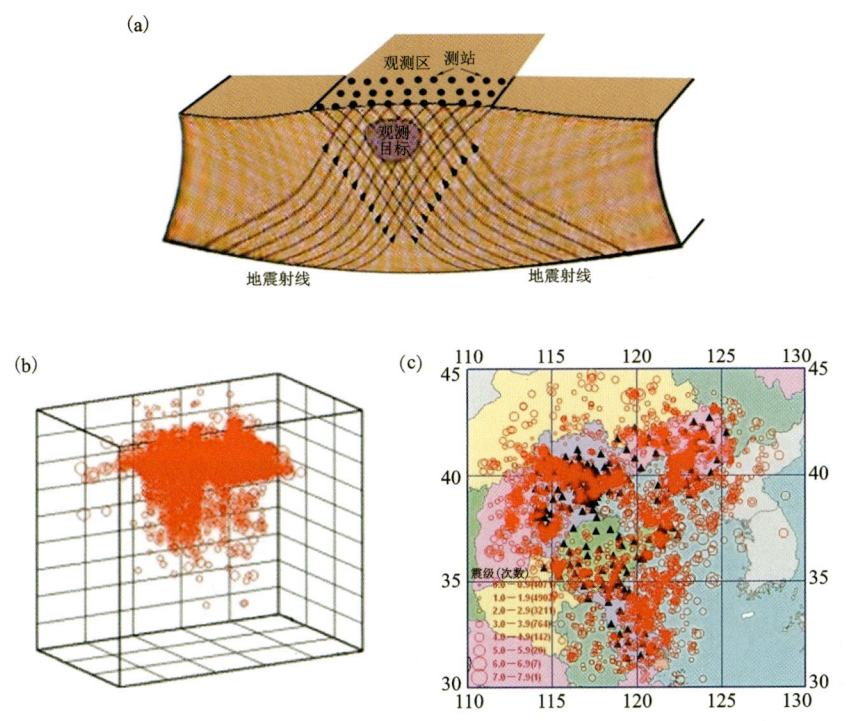

图 4-1 地震层析成像在华北东部地区的应用

(a)勘查数据采集示意图;(b)用于层析成像的华北东部地区的天然地震三维分布图;(c)震源和台站的平面分布图(黑色三角为台站位置)

地震层析成像勘查分为数据采集、数据处理和图像重建 3 个环节。经典的体波地震层析成像采用射线追踪方法,利用地震波的走时数据。地震走时指地震波沿射线方程规定的路径旅行所需要的时间。数据采集包括震源位置、测站位置和走时参数。图 4-1(b)、(c)是用于层析成像的华北东部地区天然地震和地震测站的分布图,数据来自中华人民共和国国家地震局(简称国家地震局)的资料库(张学民等,2012)。数据处理阶段要从地震图上取出地震走时数据,并对它们进行挑选。图像重建通过射线方程计算射线路径,然后用地震走时数据迭代反演每一个网格的地震波速度。目前,地球物理学家完成了 CRUST1.0 全球地壳地震波速成像,分辨率达到 $1°×1°×20km$。作者团队对中国西部的地壳上地幔地震层析成像的空间分辨率已达到 $0.5°×0.5°×10km$(杨文采等,2019b;2022;瞿辰等,2020;刘晓宇等,2023)。

利用地震走时的迭代反演,获得该区域层析成像部分成果(图 4-2)。沿 39.9°N 的地震 P 波速度扰动剖面过太行山北部,沿 38.4°N 的地震 P 波速度扰动剖面过太行山中部,沿 36.6°N 的地震 P 波速度扰动剖面过太行山南部(张学民等,2012)。地质研究表明,北太行、中太行和南太行的地质构造有明显的不同,但是不知道为什么会有明显的差别。地震波速扰动剖面揭示了研究区岩石圈和软流圈的速度结构,可见太行山各段都显示华北岩石圈向太行山下方俯冲的特征(图中俯冲面的逆冲断裂以黑线标记)。然而,太行山各段的速度结构显示了各自不同的特点,反映了各自有不同的动力学作用特征及不同的演化过程。

太行山北段剖面[图 4-2(a)]反映华北岩石圈地幔高速层比较厚,深度 200km 以下,低波速的热流体物质在软流圈比较活跃,尤其是在俯冲面下方有热流体上涌(图中用箭头标记)。该区是太行山与燕山构造带的交会部位,在东部太平洋板块的俯冲作用下,应力场分布显示了一定的拉张作用,热流体上涌造成动力学作用比较活跃。太行山中段[图4-2(b)]发育华北最大的断陷盆地——冀中盆地。这一段的波速度结构与南北段明显不同。结果表明,该区段新生代岩石圈地幔波速明显减小,与岩石圈地幔减薄作用受到的影响密切相关。太行山南段剖面[图4-2(c)]表明,该区段上地幔中的波速扰动不明显,说明与太行山中段和北段相比,新生代动力学作用不那么活跃。作为对比,图4-2(d)不仅显示了剖面位置,也显示华北地区的岩石圈厚度平面图(王春镛等,2017)。华北北部的岩石圈厚度减小反映软流圈的上涌,和地震层析波速扰动剖面揭示的速度结构是一致的。

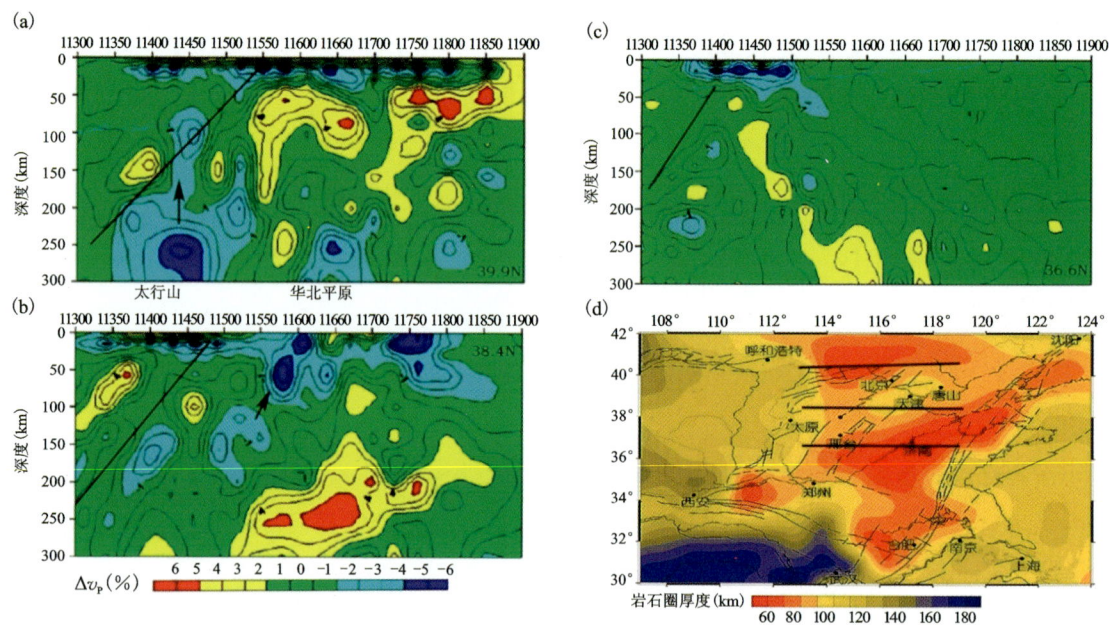

图 4-2 迭代反演取得的华北东部地区的层析成像的部分成果

(a)沿39.9°N的地震P波速度扰动剖面;(b)沿38.4°N的地震P波速度扰动剖面;(c)沿36.6°N的地震P波速度扰动剖面;(d)剖面位置及华北地区的岩石圈厚度

4.2 相关应用

地震层析成像在地震勘探中也可以发挥重要作用。以塔里木盆地的油气勘探为例,作者团队利用天然地震在此盆地进行工作(瞿辰等,2013),地震和固定台站的分布见图4-3(a)。由于塔里木盆地内部为沙漠无人区,没有地震观测台站,故补充布置了一百多台流动的地震台站在盆地内部进行了两年的观测。图4-3(a)中的方框为三维地质层析成像的区域,利用地震走时的迭代反演,取得了研究区三维层析成像的成果。

图4-3(b)为过盆地沿东西向的地震P波和S波AB剖线波速扰动剖面图,通过盆地阿瓦提和满加尔两大凹陷。波速扰动剖面显示,阿瓦提凹陷和满加尔凹陷的速度结构完全不同,

阿瓦提凹陷的地壳以高速体为特征,而满加尔凹陷有低速度异常,反映从莫霍面有向上的流体活动(图中以黑箭头标记),表明满加尔凹陷有优越的油气生成条件。

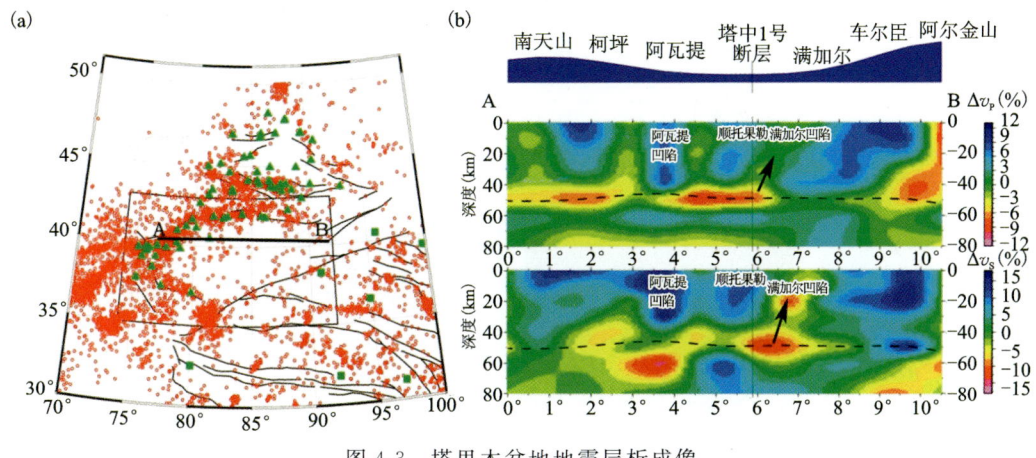

图 4-3　塔里木盆地地震层析成像

(a)地震、固定台站和剖面 AB 的位置图;(b)AB 剖面地壳的地震波速图像,箭头表示地球流体活动区

近年来,在满加尔凹陷及其周边不断有新油气田发现,而在阿瓦提凹陷至今没有发现油气田,这表明了地震层析成像方法和相应的勘探结论的正确性。

除了地震层析成像外,反射地震波场反演也可应用于地下介质波阻抗的成像(Klemperer,1989,1998;杨文采等,2012;曾祥芝和杨文采,2020)。反射地震波场反演以地震波场观测数据作为输入,反演波动方程系数项的波速扰动,得到地下三维空间的波阻抗界面图像,在勘探和工程基础探测中都有广泛应用。

目前,反射地震波场反演的理论已经比较成熟。下面来看地下盐丘的波动方程反射地震反演成像的例子(图 4-4)。图 4-4(a)为地下盐丘的理论模型,反演开始时要输入的初始波速模型见图 4-4(b),其中并没有未知的地下盐丘。经典反射地震波动方程反演方法的成像结果见图 4-4(c),盐丘的顶界面被揭露出来,但是由于顶界面反射后地震波能量大大缩减,盐丘底界面无法确定。浙江大学团队的陈国新等研发了用地震包络反演波速的波动方程反演新方法(Chen et al.,2022),改进了经典反射地震波动方程反演方法的缺陷,成功地反演出地下盐丘的完整结构[图 4-4(d)]。地下盐丘不仅是油气藏的最佳盖层,而且是最佳的密封地层,在能源储存和对人类有害物质埋藏方面都是重要的资源。

最后来看看四维反射地震成像技术的应用。三维地震探测的目标是地下三维的物体,四维地震探测的目标是监测地下三维的物体随时间的变化,预测隐伏的地质灾害。以二氧化碳地下封存技术为例,这是实现碳中和的一项重要技术。1994 年挪威开始选择二氧化碳地下封存的地点,进行反射地震勘探,选择区地下剖面见图 4-5(a)。剖面中部有无反射的含空隙地层,上方有严密的盖层,很利于气体封存。1995 年后开始向地下灌输二氧化碳,气层产生波阻抗差异,造成强反射。1999 年封存区的反射地震剖面见图 4-5(b),明显可见强反射的二氧化碳的封存范围。以后每年在封存区进行同样的三维反射地震监测调查,结果见图 4-5(c)～(f),二氧化碳的封存范围不断扩大。2006 年的反射地震剖面显示,二氧化碳的封存范围已经

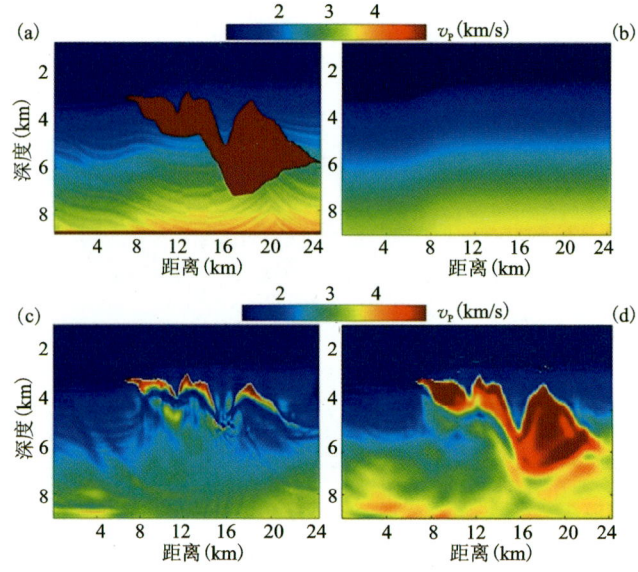

图 4-4 地下盐丘的波动方程反射地震反演成像

(a)地下盐丘的理论模型剖面图;(b)反演输入的初始波速模型;(c)传统波动方程反演方法的成像;(d)地震波包络反演波速成像

接近饱和。此例表明,四维反射地震对二氧化碳封存的监测是卓有成效的,不过四维反射地震的成本很高。美国多采用垂直地震剖面进行地下流体封存区的监测,成本相对低一些。

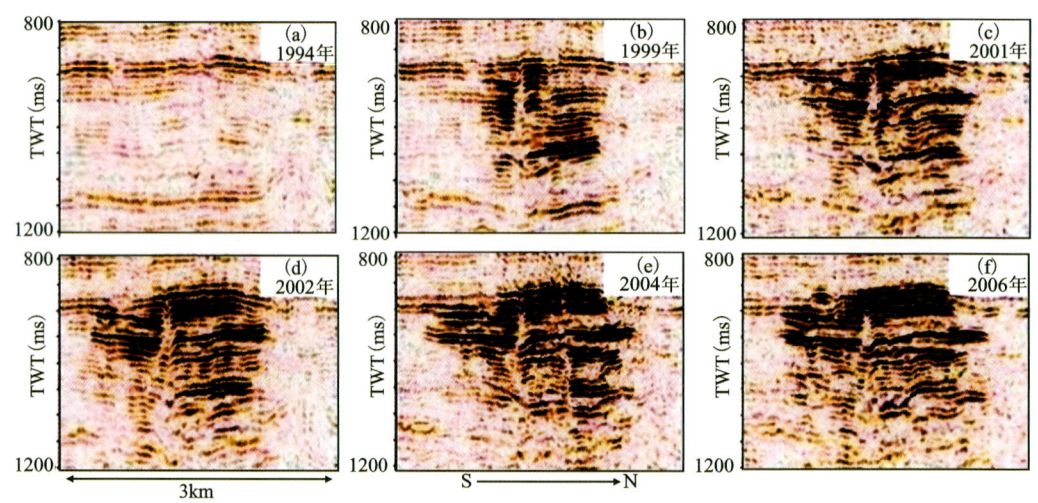

图 4-5 二氧化碳封存地下的四维反射地震剖面

(a)1994年勘探阶段的地下剖面图;(b)~(f)二氧化碳封存后不同年份的地下剖面图

地球演化的作用产物隐藏于壳幔结构的不均匀性之中,而地下工程的老化也会造成地下物质结构和物理性质的变化。根据三维和四维地球物理探测揭示地下物质结构的时空变化,取得空间准确定位的探测目标信息,不仅可以增强对地球物质运和动演化的系统理解(杨文采,2023),还可为解决地球资源匮乏与地质灾害难题提供理论根据,为社会可持续发展做出贡献。

5 城镇随机分布式高密度电法勘探

地球物理勘探方法中,除了地震勘探方法,直流电阻率方法也是一种应用广泛、历史悠久、投入成本小的方法。高密度电法,也叫电阻率层析成像技术(Electrical Resistivity Tomography,ERT),在浅地表地球物理调查等领域的应用效果尤为突出。

5.1 方法原理

电阻率或电阻抗成像在医学、地球科学、材料科学等多个学科都有重要应用,最常采用的方法是四极探针法,即采用两个电极 A、B 往地下供电 I,在另外两个电极 M、N 测量电极之间的电位差 ΔV(图5-1),根据 A、B、M、N 之间的相对几何位置关系求取相应的视电阻率值,再通过反演计算获得探测目标内部的电阻率结构分布特征信息。

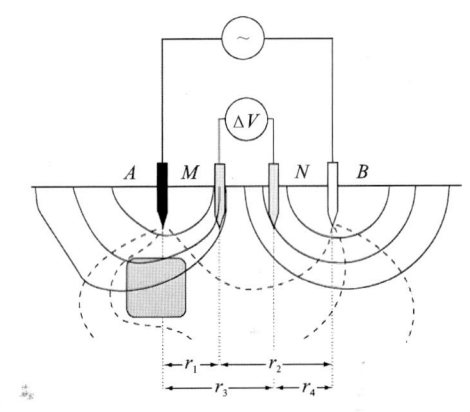

图5-1 四极探针法进行地下电阻率测量示意图

但电阻率测量每次布置四极只得到一个测点信息,若想对目标体内部结构进行成像,需要通过不断改变极距及多位置测量才能实现,测量过程繁琐且效率极低。高密度电阻率法是近二三十年发展起来的阵列勘探方法,它保留了电阻率方法抗干扰能力强、成像结果直观的优势,通过多通道设计,测量过程快捷高效且成像效果好,在水文、工程、考古和环境调查等领域有广泛应用,是近地表工程物探使用频率较高的方法之一。

根据多路电极开关在系统的位置和实现方式,高密度电阻率法仪器主要分为集中式和分布式两类。最早出现的是集中式高密度电法仪(图5-2),优点是供电电流相对较大,测量数据稳定,缺点是通道数少(一般少于60道),难以满足三维勘探的通道数要求,且电缆笨重,不利于野外施工。而分布式高密度电法仪则采用了电子多路电极开关,并将多路电极开关前置集成到电极结上,采用7芯电缆,大大减轻了电缆重量,采用分段式电缆设计(图5-3、图5-4),可根据三维勘探需要任意扩充通道数。分布式仪器由于采用电子多路电极开关,对最大供电电流有一些限制。一些仪器厂商针对集中式和分布式高密度电阻率法仪器各自的优缺点,将两者优点融合,推出集中分布式高密度电法仪,在工程领域得到较好的应用。

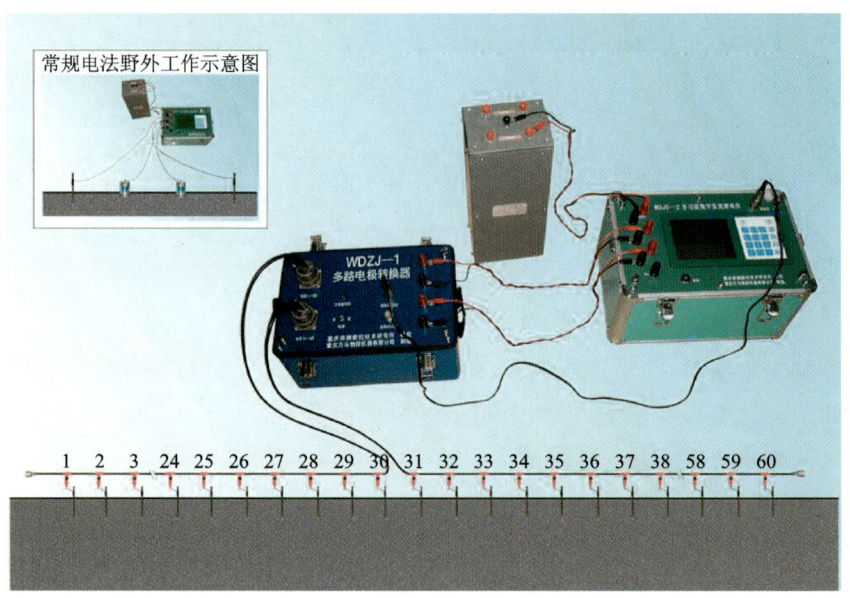

图 5-2　高密度电阻率测量系统野外工作示意图

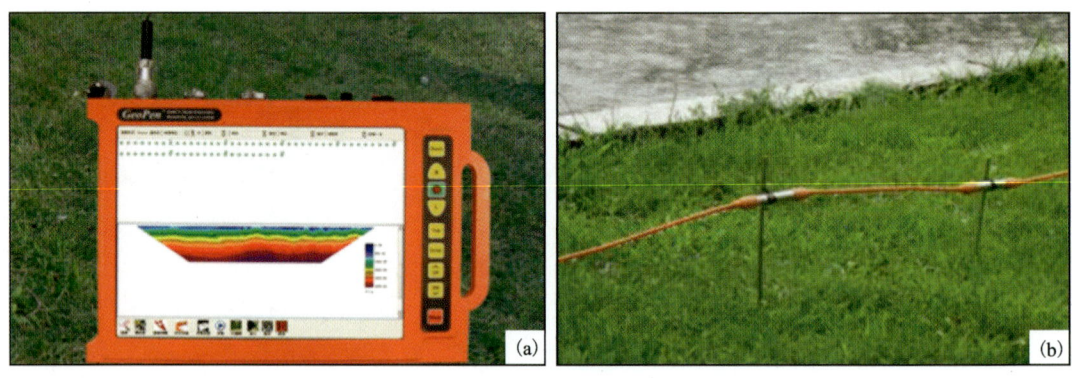

图 5-3　分布式高密度电法仪器(a)与二维电极布设的电极及其电极开关(b)

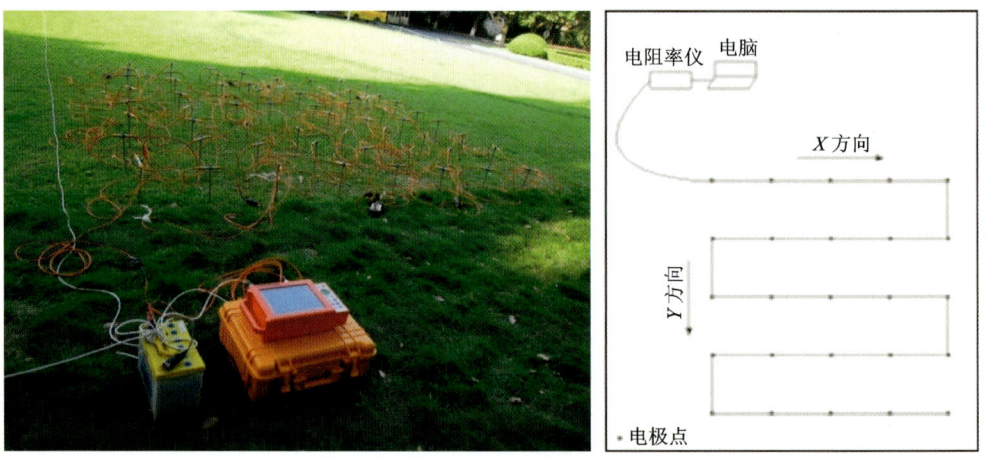

图 5-4　分布式高密度电法仪器三维勘探系统"S"形布设方式

5.2 传统高密度电法面临的问题

城市环境具有以下特点：人口密度大，道路及河网密布，各种类型的建筑物占据大部分空间，限制了电阻率法电极的布设；而且电磁和震动噪声干扰严重，对仪器和方法技术的抗干扰能力有较高的要求。城市本身是规划和建设的重点区域，其复杂的地下结构探测对地球物理无损穿透性成像有很高的技术要求和现实的迫切需求，但城市复杂的地表环境成为地球物理应用于城市勘探的难点所在。传统高密度电法仪器系统和数据采集方法存在一些先天性的缺陷和不足，在城市环境中应用时遇到了一些难以克服的困难和障碍。

1）传统方法固有的缺陷与不足

（1）规则网格设置：传统高密度电法只能采用规则网格、等距布设电极，而城市环境中高楼林立、近地表高度钢筋混凝土化，难以找到合适、规整的区域开展二维和三维测量，严重制约了高密度电法在城市环境中的应用。

（2）长电缆串接：传统高密度电法采用长电缆串接所有电极，测量也是按电极在电缆中的位置串行顺序测量。笨重的电缆既增加了劳动强度，且城市环境中障碍物的存在（河流、建筑、交通干线等）也往往导致电缆布设工作难以实施。

（3）滚动拼接难度大：高密度电法电缆中电极结的间距相对较小，一次布设电极很难一次覆盖大的测量区域。分段测量时各子测区拼接位置需要仔细计算，对三维测量而言尤为复杂；而且装置类型限制较多，边界损失测点较多，很难实现有效的测站滚动。

（4）串行测量：仪器每次测量只用到所有电极中的 4 个电极（供电/测量），采集效率较低，完成一次三维勘探需要较长的时间。

（5）采集方向和测量方式单一：采集只能沿网格布置的 2 个正交方向前进，非真正的三维测量。每次测量只能选择温纳、偶极、单极等装置中的一种类型测量，其他类型需要重新设置参数再测，反演也只能针对一种装置类型的数据。

（6）三维滚动测量和补勘难以实施：城市地下勘探对象多是孤立目标体，需要三维勘探才能准确把握目标体的几何和物性特征。传统高密度电法勘探设计与数据采集分离，具有很大盲目性，三维测量补勘只有等到室内计算完成后到现场重新布置测量工作，而且补勘工作和原测量数据融合过程复杂，计算难度大，无法根据现场探测结果实时动态调整并补充测量，大范围三维滚动勘探更是少见。

2）传统方法与城市勘探需求之间的矛盾

城市地球物理勘探的探测对象往往是孤立的且位置未知的三维目标体，需要进行精细的三维勘探才能准确把握目标体的几何形状和物性特征。基于标准装置类型（温纳、偶极-偶极、单极-单极等）和规则网格的传统高密度电法勘探在城市环境中应用时面临着以下巨大障碍。

（1）城市地表环境的局限性和传统三维勘探规则网格需求之间的矛盾。城市环境中地表条件复杂，很难找到规整区域布置规则网格。传统三维高密度电法勘探无论硬件还是软件都要求数据采集基于规则网格，这成为传统三维高密度电法在城市环境中应用的最大障碍。而非规则网格三维勘探仍处于起步试验阶段，理论研究相对不足，数据处理也缺少合适的正反演软件支持。

（2）城市地下目标的复杂性、未知性和勘探设计的盲目性之间的矛盾。在地表条件允许的前提下（多数情况下并不满足），传统三维高密度电法勘探都是采用规则网格设计（室内事先设计好的方案），观测系统和采集参数在数据采集过程中不能根据现场情况动态调整，具有很大的盲目性。测量数据质量、完备性以及效果也只有等室内数据处理完成后才能知晓，周期长、事后补救困难。

（3）传统高密度电法勘探分辨率和效率之间的矛盾。传统高密度电法的成像分辨率与仪器系统支持的电极数成正比。分辨率越高，需要的电极数就越多，对仪器系统性能要求也就越高，给仪器系统设计带来巨大挑战。由于采用串行测量，电极数越多，则数据采集时间也越长。对传统高密度电法而言，三维勘探的效率和分辨率始终是一对矛盾体。

（4）标准装置类型数据的非完备性与城市精细勘探需求之间的矛盾。Stummer 等（2004）的试验证明标准装置类型所采集的数据是不完备的，需要补充非标准装置数据才能达到较高的分辨率和勘探精度。而传统商业化高密度电法仪器和软件系统多是基于等距电极点的（温纳、施贝、偶极-偶极、单极-单极等）标准装置类型设置，无法增补测量或处理非标准装置类型数据，难以满足城市高精度精细勘探的需求。

（5）电位测量电极与电场方向的不一致性。电位测量电极（M 和 N）所能测量得到的电位差不仅与供电电极的距离远近以及供电电流大小相关，还与 MN 电极的方向有关：沿电位等势面梯度方向最大，而平行于等势面方向则电位差接近于零。对于二维高密度电法而言，电极 MN 位于供电电极 AB 产生的电流场的法线面内，其方向总是沿着等势面梯度方向，获得的都是最大电位差，可真实反映电场的电位分布。而对于电极位置任意分布的三维勘探而言，供电电极 AB 产生的电流场，其周围任意布置的电极 MN 的方向不一定是该处电场强度的方向，因此得到的电位差也不是最大值，而只是沿 MN 方向的一个分量。用该电位差值来反演目标体内部结构存在一定的不完备性，不能准确反映完整的电场特征及其分布。

（6）传统电阻率法勘探深度与城市地下构造探查目标深度需求之间的矛盾。传统电阻率法最大勘探深度超过 1km 非常困难，在城市环境中更难以长距离布置电缆；高密度电法很少超过 100m 的勘探深度。而城市地下构造探查目标深度一般在数百米甚至数千米的深度范围内，大大超出传统电阻率的极限深度范围。传统电阻率法往往适用于进行二维剖面勘探，很难实现三维勘探的目标需求。

5.3 方法技术创新要点

针对传统高密度电法在城市勘探所面临的困难和不足，面向城市地下构造探查需求，在总结国内外前沿勘探技术的基础上，我们提出一种新型随机分布式矢量电阻率法成像技术。它具有以下特点：①测站和电极根据现场条件任意布设，摆脱规则网格和长电缆连接的掣肘，使得观测系统设计以及增补测点更加随机、灵活，能适应城市等复杂地表的勘探需求；②采用无线通信和 GPS 授时，实现多站协同联合工作和并行测量，提高数据采集效率；③通过正交方向矢量测量，直接获取电位场梯度方向及其最大值，从而有效实现大深度真三维勘探；④供电和电位测量站各自独立工作，电位测量站采用不极化电极进行电位测量，避免耦合干扰和极化干扰,可以进行电阻率测量、激发极化测量和自然电位测量,通过多源数据反演,提高解释精度。

1)随机分布式采集系统

随机分布式高密度电法的理论基础是基于用广义偶极装置(图5-5)来统一描述所有装置类型,既包括传统的温纳、偶极-偶极、施伦贝谢等标准装置类型,还包含数量比例更高的非标准装置类型。因此可以统一布置并根据测量需要实现功能角色互换。所有采集站和中央控制台通过无线通信连接,受中央控制台控制完成供电和电位测量。测量时,从测区一侧开始,尽可能多地布置多个采集测站,在中央控制台的统一指挥下完成电阻率测量、测站滚动、再测量,直至完成整个测区的测量工作。

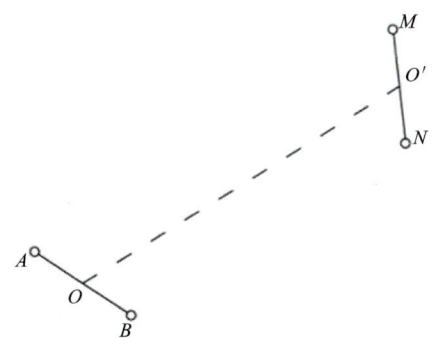

图5-5　广义偶极装置示意图

(图中 AB 和 MN 分别称为供电电极对和测量电极对,电极对两电极之间距离称为偶极矩 a,不同电极对的偶极矩可以不相等,电极对中心 OO' 之间的距离称为电极距 L)

采用随机偶极装置取代传统赤道偶极和径向偶极的布极方式以适应城市等复杂地表条件并能更加灵活地布置测站,它突破了常规电法勘探常用的共线排列和规则网格的限制,无线连接和分布式采集站设计也突破了长电缆连接的掣肘(图5-6)。作为一种颠覆性创新设计,它带来灵活性的同时也带来了仪器系统设计、数据采集、数据处理等一系列新的挑战。因此本章从仪器系统、观测系统、数据采集过程、数据采集和数据处理一体化设计(补勘)等多个环节进行深入研究,以期形成随机分布式高密度电法勘探系统完备解决方案。

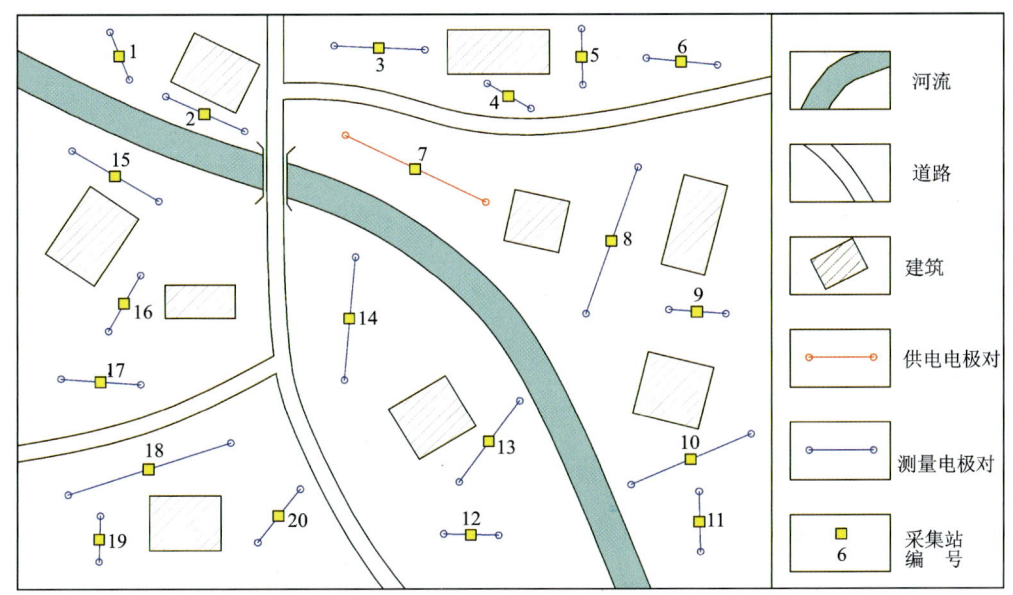

图5-6　随机分布式系统三维勘探系统布设示意图

(偶极子电极对的长度不固定、方向随机,可根据现场环境灵活布设,采集站与中央控制台采用无线通信,不受长电缆串接限制,更不受河流、道路、建筑的制约)

随机分布式系统与传统高密度电法的最大区别在于随机分布式系统的数据采集,以及模/数转换发生在电极端(通过采集站完成),然后通过无线网络回传给主机的是测量结果的数字信号,不失真传输,保真度高。图5-7(a)、(b)显示传统高密度电法仪器是将电极模拟信号直接传输到主机,由主机统一进行测量和模/数转换,转变成数字量。长距离模拟信号传输存在较严重的信号衰减,也容易出现耦合干扰。因此目前市场上所谓的分布式高密度电法测量系统严格意义上说并不是真正的分布式数据采集系统,只是将采集转换开关分布式前置到电极端而已;本章设计的随机分布式高密度电法测量系统实现了真正的分布式数据采集[图5-7(c)]。

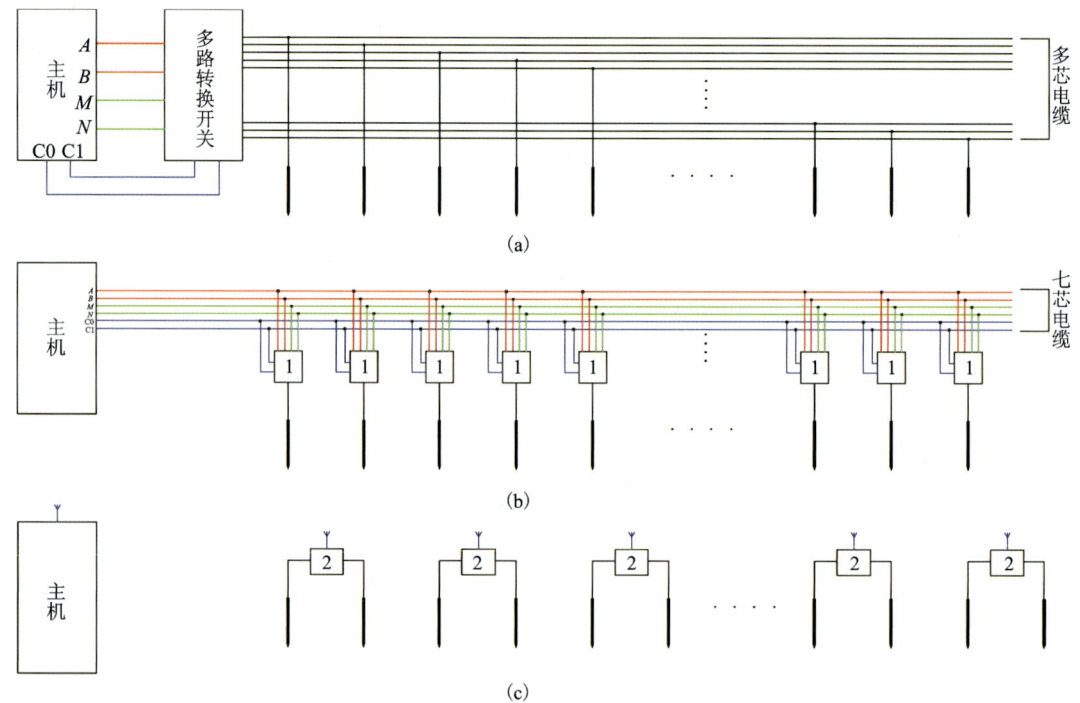

图5-7 随机分布式与传统高密度电法系统对比图

(a)传统集中式高密度电法仪示意图,电缆一般为30芯多芯电缆,多路转换开关根据主机控制程序选择所有电极连接中的四路与主机的ABMN连通;(b)传统分布式高密度电法仪示意图,其中编号1的组件为分布式电极开关(状态为断开或与ABMN之中某一路连通),电缆为7芯电缆;C0和C1为控制信号线,两根供电线为A和B,两根电位测量线为M和N;(c)本章提出的电极随机分布式系统,其中编号2的组件为无线分布式采集站,每个采集站都是一个独立的数据采集系统,可以根据需要进行供电或电位测量角色转换,采集站通过无线方式连接主机——中央控制台,舍弃长电缆串接所有电极

随机分布式高密度电法勘探系统设计与背景技术相比,明显优势有以下几点。

(1)布极方式灵活。根据地表条件灵活布置测点位置,每个采集站管理一对电极(电极对),电极对的间距和方向根据现场接地条件灵活布置,而不限于固定的间距或规则网格,实现真正的三维测量。

(2)采集站无线通信管理模式。每个采集站只需要短电缆连接自身管理的两个电极,采集站之间互相孤立,只与中央控制台采用无线通信联络(接收指令和上传数据),避免了所有电极间笨重的长电缆连接,消除测站之间长电缆相互串接的诸多不便(特别是河流、建筑等地表阻碍),极大地提高了布设工作效率。

(3)采集站并行工作模式。测量时一个采集站负责供电,其他所有采集站同时进行电位测量。对于 N 个电极而言,传统温纳法需要 $N \times n - [3 \times n \times (n+1)]/2$ 次测量(N 为总电极数,n 为隔离层数)才能完成一次采集任务,本设计由于所有采集站采用并行工作模式,只需要 $N/2$ 次测量即可完成整个测区采集任务,极大地提高了采集效率。

(4)系统简单、扩展能力强。分布式系统自身的特点决定系统对主控计算机以及采集站的硬件性能要求不高,易于实现;集成的分布式系统不但总体性能强大而且易于扩充,十分有利于开展三维勘探。而且所有采集站完全一样,有利于厂商批量生产,也便于采集现场的替换和维修。

(5)真正的三维高密度电法勘探。随机分布式测量的测点包括供电点周围的所有测点,偶极布设方向和测点位置随机,实现真正的三维测量。

2)分布式矢量电阻率成像系统

法国 IRIS Instruments 公司推出一种全波形电阻率测量仪器系统(图5-8),供电和电位测量采用分布式采集站设计,各自独立工作。电位测量采用站采用三通道设计,可以同时测量2个正交方向的电位场。它既可以进行电阻率测量,也可以实施激发极化以及自然电场法。该仪器通过独特的仪器设计和勘探设计,实现真三维测量(图5-9、图5-10)。正交双通道矢量测量,不仅提高数据的抗干扰能力,而且可以极大提高勘探深度(最大可达3km)。通过相应的设计软件、数据采集软件以及数据处理软件的协同,大大改进勘探效果和成像分辨率。

目前浙江大学地球物理研究所相关研究团队根据提出的目标要求,将随机分布式高密度电法技术(灵活性)与矢量电阻率技术(大勘探深度真三维测量)有机结合起来,通过与国内相关仪器厂商合作,研制相应的矢量电阻率仪器系统(2024年推出测试样机),同时开发相应的处理软件系统,以期能更好地适应找矿、地下隐伏构造探查等大深度勘探需求,特别是针对城市等复杂地表环境下隐伏构造的探查需求。

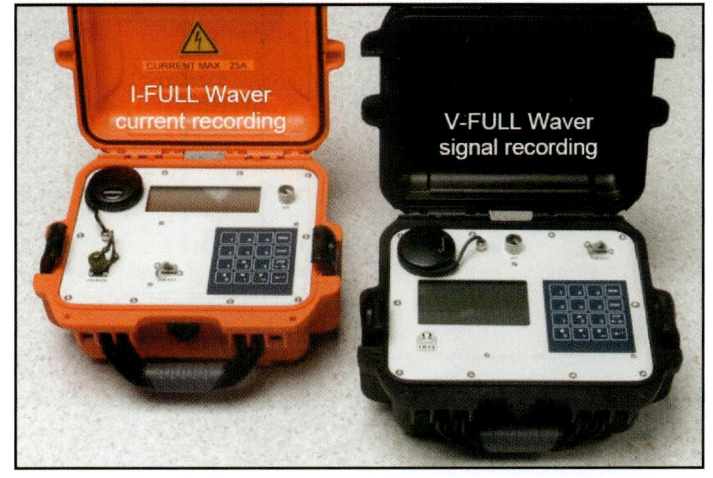

图5-8 全波形电阻率测量仪器供电(红色)和电位测量(黑色)采集站

(引自 IRIS Instruments 公司网站:https://www.iris-instruments.com/)

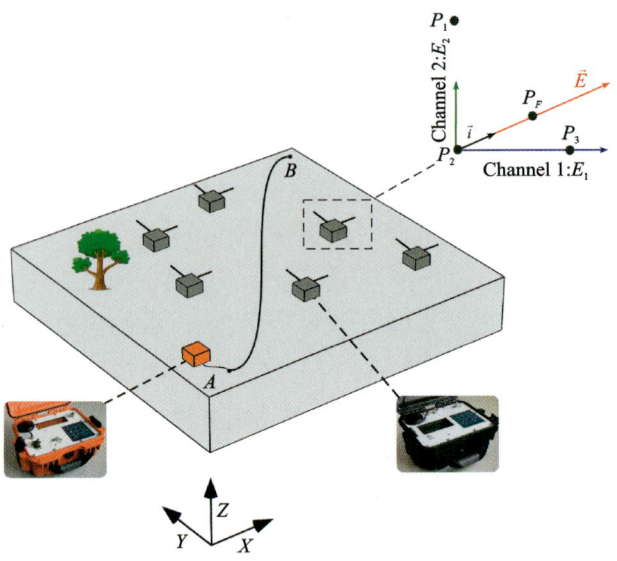

图 5-9 矢量电阻率测量工作布置示意图(Gross et al.,2021;其中供电和电位测量都是独立的采集站设计,电位测量采集站有 4 个通道,正交布置)

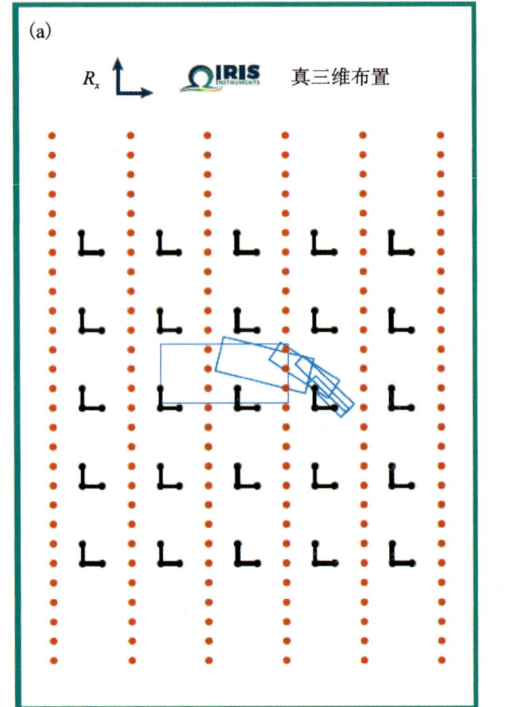
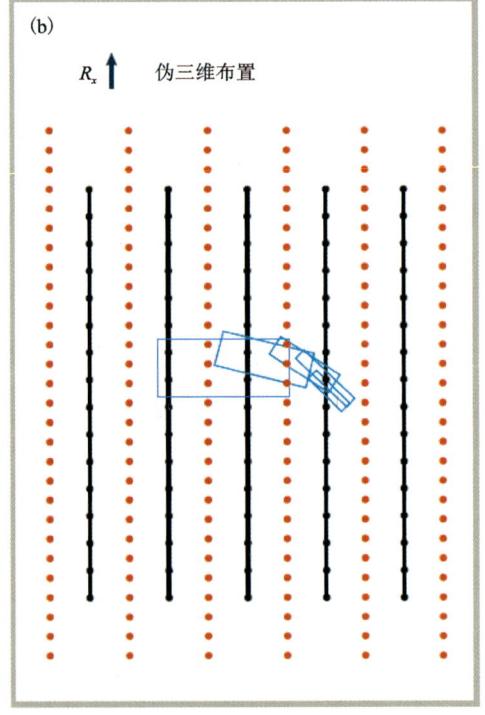

图 5-10 矢量电阻率真三维测量与传统伪三维测量测点布置对比图(引自 IRIS Instruments 公司网站:https://www.iris-instruments.com/)

(a)矢量电阻率测量;(b)传统高密度电法的一种测点布置方式

5.4 最新应用实例

矢量电阻率法是一种新的方法技术,最突出的优势是能实现大深度(最大 3km)、真三维电阻率成像。因为供电和电位测量采用分布式采集站独立工作,除了效率高和布置灵活,还有效避免了测量的干扰耦合和极化效应,可同时进行电阻率、激发极化和自然电位等多参数测量。尽管该技术目前在国际范围内仅有几篇文献报道,但也显示出巨大的优越性,若将随机分布式高密度电法和矢量电阻率法的优势结合起来,则更具有复杂地表条件下勘探的应用前景。此处只列出 2 个应用实例介绍矢量电阻率法的应用效果。

1)非均质结晶岩深部地下裂隙三维矢量电阻率成像

2008 年,印度 CSIR(Council of Scientific and Industrial Research)-NGRI(National Geophysical Research Institute)和法国地质与矿业研究局合作成立了印度-法国地下水研究中心,其长期目标是提高对印度南部复杂硬岩水文地质的认识。过去几十年该区域钻孔地下水水位监测结果显示其水资源呈现日益枯竭的趋势。主要含水层的风化花岗岩含水日渐干涸,地下水只存在于下面的网状断层裂隙通道中。因此,有必要对结晶硬岩中的裂隙及其地下水储存潜力进行评估,以期了解区域水文地质状况并解决水资源短缺的问题。2015 年,印度-法国地下水研究中心建立了一个 MAR(Managed Aquifer Recharge)地下储水系统,以遏制地下水资源的枯竭;为了更新水文模型,在一些钻孔中进行地下水水位、温度和水力传导性联合监测。

该中心自成立以来,除了定期的水位和水质监测外,还开展了 ERT(Electrical Resistivity Tomography)、钻孔测井、抽水试验、示踪剂研究等一系列地球物理和水文地质实验,对风化裂缝含水层系统进行了详细的分析和刻画,Maurya 等(2021)使用多个 ERT 剖面提出了水文地质公园(EHP)部位的准三维模型,确定并绘制了 30~50m 深度范围内结晶岩中裂缝网络的横向分布,但无法绘制裂缝层与未风化/未破裂的花岗岩硬岩之间的界面。此外,该模型中裂隙岩石的电阻率指标在远离 MAR 储罐的地方有所减弱。因此希望用矢量电阻率法对该区域进行详细建模,并通过改进的地下成像技术构建该区域的全视图真三维电阻率模型。

研究工作部署了 IRIS Instruments 公司开发的矢量电阻率仪(图 5-11),以二维方式设置 17 个全波形采集站,在北部和东部方向间隔约 100m(图 5-11 中绿色圆点为一个电位采集单元,POD)。电位测量偶极距长度约为 20m,每个 POD 获取 2 个正交方向(即北、东)的电位差,以便利用直流电测量获得三维电阻率变化。相对而言,较大的偶极距会有利于提高信噪比,设置 20m 偶极矩是为了对 20m 以内的目标有更高的分辨率。在每个 POD 接收节点上使用 3 个固体不极化电极(Pb-PbCl),分别选择其中 2 个进行电压差测量。

图 5-11 中背景地形分辨率为 30m(来源:NASA JPL 2013),位于海得拉巴 CSIR-NGRI Choutuppal 校区的 EHP,其边界以厚黑色多边形标记。红点和绿点分别表示电流注入和电压接收 POD 节点。每个 POD 节点由 2 个正交的偶极子组成,测量北方向和东方向的电场分量。黑色虚线(倒三角标记的电极)表示用于准三维模型的 2019 年 ERT。钻井 Ch1 和 Ch2 位于距 MAR(粗虚线多边形)约 50m 和 Ch3 约 500m 处,用橙色点表示。

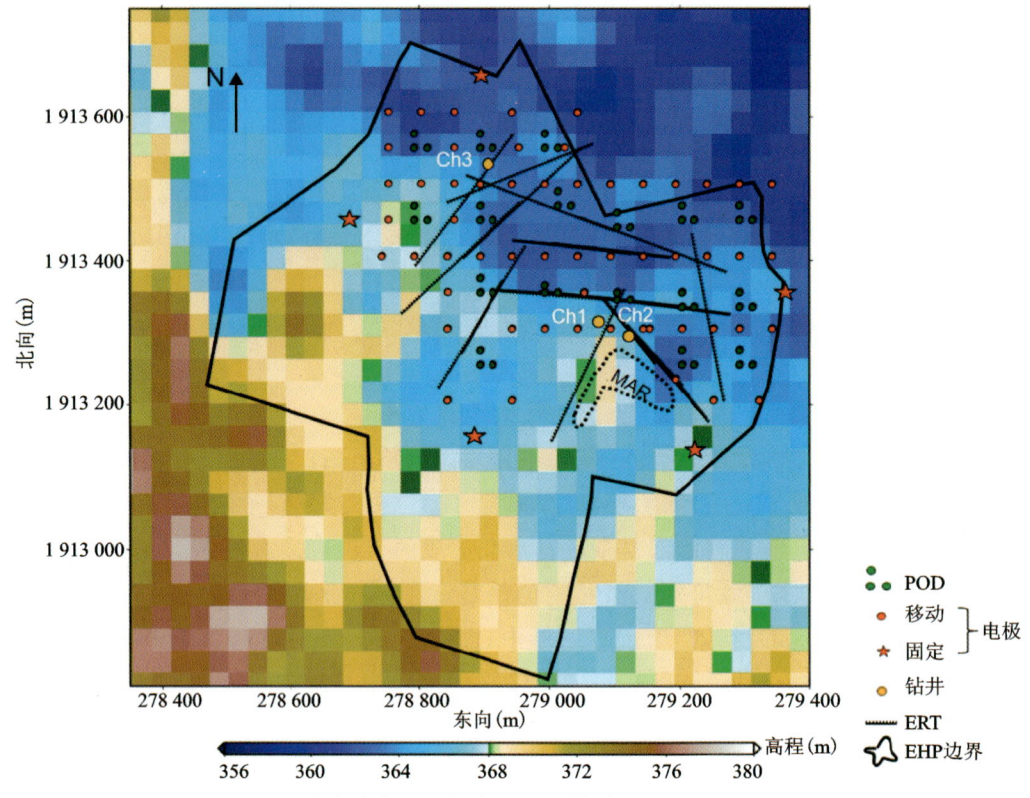

图 5-11　分布式多电极深度 EVRI 勘测图（Maurya et al.，2024）

IRIS Instruments 公司开发的 2 个 3kW 的 TIPIX 发射机被串联使用，它们可以注入最大约 13.0A 的电流，为了更好地穿透地下地层，供电电流约为 1.0A 或更高，以获得更大的穿透深度。通过两个长约 1.0m 的钢电极往地下供电，其中一个电极固定不动（设置在测网外 50～100m 的距离），另一个电极在设计好的供电点中移动，覆盖整个测量区域（图 5-11 中红色圆点），最大供电电极距为 500～700m，供电点间距为 100m 左右。为了更好地供电，供电前约 20min 开始往电极上浇盐水（增加导电性）。在北、南、东、西方向分别设置了 5 个固定电极，用于从不同的方向进行供电，实现对整个目标区的多方位照明成像。与传统的二维勘探方式有所不同，上述勘探设计实现了对探测目标区域的全三维覆盖。实际工作时，在设计移动电极中间位置（50m）处增加供电电极，以提高横向分辨率和覆盖范围。

在实验中，通过部署多个双通道或多通道独立采集站节点，并以全三维方式使用大功率（0.9～3.7A）注入电流照明，改善了电阻率成像效果。电阻率成像结果表明（图 5-12），裂隙发育于地下 20～70m 之间，电阻率变化幅度相对较大（这得到了钻孔水文调查数据的验证）。矢量电阻率法得到了深度大于 30m 以下地层精细结构，其横向分辨率比前期模型分辨率提升了 1 倍。探测结果显示，未风化/未破裂的花岗岩在 70m 深度以上没有明显的裂隙分布，这与现有的钻孔测井和水文地质概念模型相吻合。因此，该研究表明矢量电阻率法在非均质结晶岩三维建模中具有极好的应用前景，有助于提升地下水管理能力。

2）深埋滑坡体的三维电场矢量电阻率成像

该项调查针对法国比利牛斯（Pyrénées）地区一个重新活动的 Viella 滑坡开展，该地区的

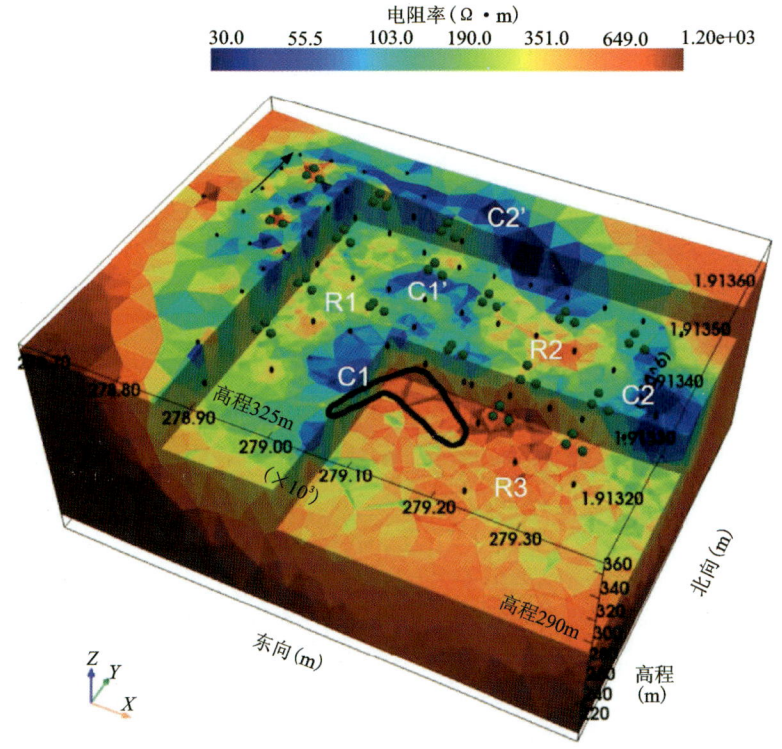

图 5-12　矢量电阻率测量得到的三维电阻率成果立体图(Maurya et al.，2024；探测结果确定了主要的电阻区和导电区，两个中间水平切面海拔分别为 290m 和 325m)

滑坡和地质状况可参阅相关文献了解(Gance et al.，2021)。维埃拉斜坡是由复杂的混合物与暴雨冲积物、冰碛沉积物(来自巴斯坦冰川)组成，还包括历史性崩积层(从悬崖上触发的碎石和风化的页岩块形成的)(图 5-13、图 5-14)。前期做过一些物探和钻探工作，钻井深达 71m，但未揭露基岩。二维高密度电法成像结果显示该区域地下存在非常不均匀地层结构，地层厚度在 0~40m 内变化，电阻率范围为 20~3000Ω·m，不仅与含水率密切相关，而且与岩性、成分结构也密切相关。进行矢量电阻率勘探的目的是构建具有 250m 深度范围的滑坡体三维地质模型，用于识别出控制滑坡机制的大尺度地质结构目标，以及常规高密度电法(探测深度不够)无法识别的、可能存在的地下水体的特性。

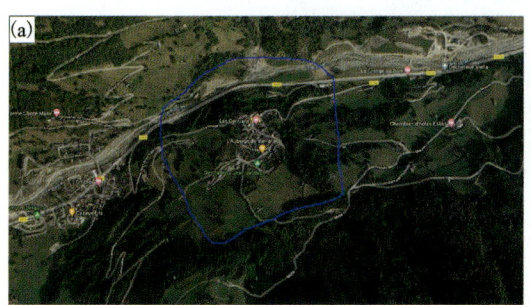

图 5-13　滑坡调查区位置及维埃拉镇的卫星图(Loke et al.，2022)
(a)蓝线表示测量电极覆盖的区域；(b)Viella 滑坡对应的深部低电阻率异常上方的岩崩碎片堆积

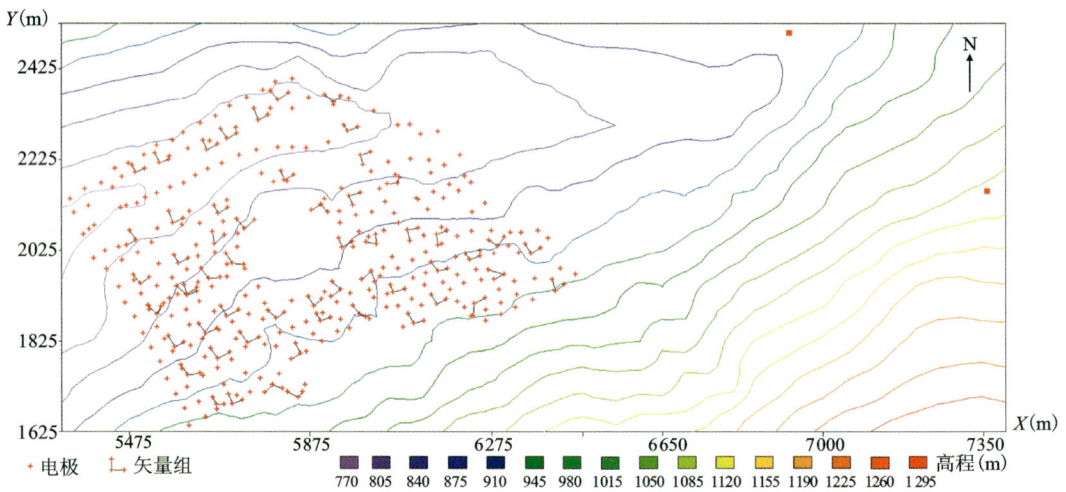

图 5-14 测区电极位置及地形示意图(Loke et al.,2022;两个固定的远端电极用红色方块标记在测区东北部)

探测结果表明:300Ω·m 以上的高阻区对应已知的石灰岩构造区。在调查区域左侧底部,存在非常有意思的低阻特征,即表明可能存在一个含水率较高的裂隙或断层破碎带,成为滑坡体的蓄水池和触发器(图 5-15)。该地区的低阻异常被陡崖[图 5-13(b)]坠落物质形成的沉降锥覆盖。岩崩的圆锥体形成一个低阻异常上方的高电阻率带。在反演过程中使用矢量电阻率的方位参数作为反演约束参数,提高了反演效果。后续的研究将会补充钻探验证,进一步确定低电阻率带的性质。

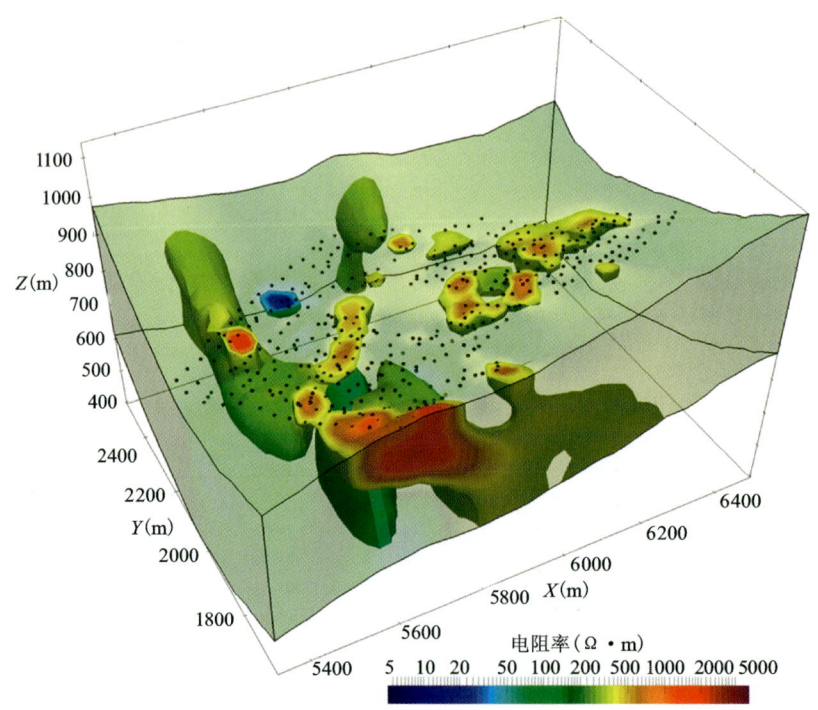

图 5-15 Viella 滑坡反演结果三维可视化图(Loke et al.,2022;振幅加方向数据消隐显示,只保留电阻率小于 50Ω·m 和大于 300 Ω·m 区域,黑色点代表电极位置)

另外,还有其他研究实例将矢量电阻率法联合激发极化法用于火山岩及火山喷发口下方三维成像,成像深度可以达到3km,这是常规电阻率(极限1km的勘探深度)无法达到的探测深度。测点布置灵活、深度和探测分辨率可调、测量参数多、真三维成像的巨大优越性显示出其广阔的应用前景,可在深部地质构造调查、深部矿产勘查、城市地下构造和地下结构探查等领域发挥巨大作用。

6 大地电磁三维电阻率成像

直流电阻率方法尽管具有使用操作方便、成本较小且抗干扰能力较强等优点,但探测深度较小是其主要缺陷。下面介绍的大地电磁方法技术就很好地克服了这个缺陷。

6.1 方法原理

大地电磁法(MT)是通过在地面上观测天然交变电磁场正交分量的变化来研究地下岩层的电学性质及电磁场分布特征的一种地球物理勘探方法。天然电磁场具有频带宽的特征,低频电磁波能够穿透较大的深度。因此,MT 成为研究深部构造,探测地壳和上地幔结构重要的方法之一。

通过在地表观测天然电磁场的 2 个正交的电场分量和 3 个正交的磁场分量(图 6-1)随时间的变化,得到地球电磁场的时间序列(图 6-2)。通过对时间序列进行傅里叶变换、传感器标定、滤波去噪、阻抗估计等数据处理,可以获得每个测点下方地下介质电阻率随频率的变化信息。对上述数据进行反演,即可获得地下介质电阻率在三维空间的分布。由于大地电磁场的信号来自天然电磁场,不需要提供人工场源,大地电磁的仪器设置相对较为轻便(图 6-3)。

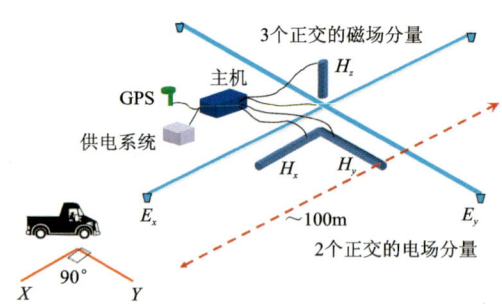

图 6-1 大地电磁测站布设示意图

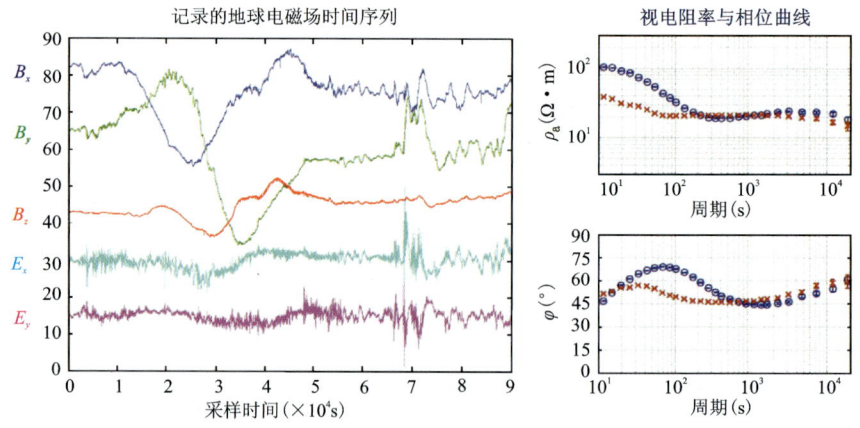

图 6-2 大地电磁数据记录与处理结果示意图

6 大地电磁三维电阻率成像

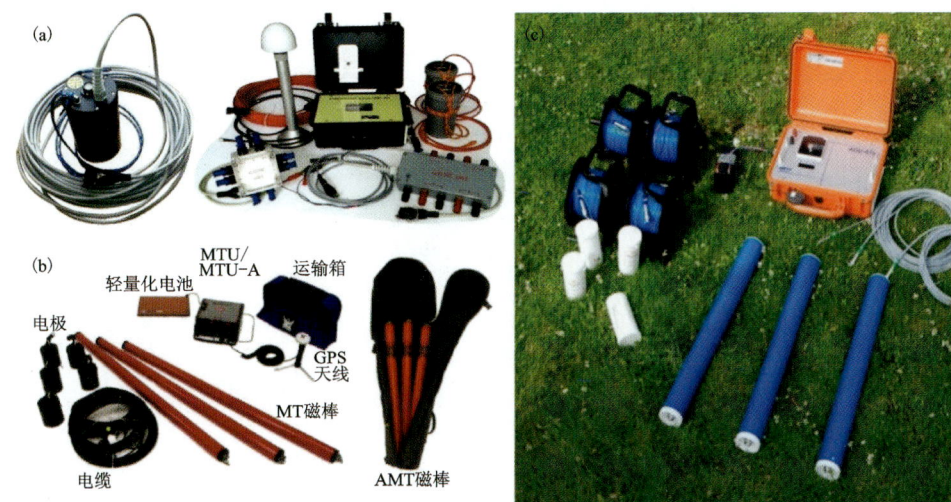

图 6-3 主流大地电磁仪器实拍照片

(a)乌克兰产 LEMI-424 长周期大地电磁仪;(b)加拿大产凤凰 V5-2000 宽频带大地电磁仪;(c)德国产 Metronix ADU08e 宽频带大地电磁仪

6.2 最新应用实例

大地电磁法通过频率测深可以获得多个不同尺度的地下介质电阻率信息。当点距较大（如 70km）、观测频段很低（如周期为 10~10 000s）时,主要用于探测岩石圈尺度的电性结构,典型的实例如美国的 EarthScope 计划、我国的 SinoProbe 计划、澳大利亚的 AusLamp 计划等。当点距较小（如几百米至几千米）、观测频段较高（如音频大地电磁频率范围 1~10 000Hz）,也可以探测几千米以浅的精细电性结构。为此,对上述两个典型的尺度各介绍一个应用实例。

6.2.1 北美 Cascadia 俯冲带三维电阻率成像

俯冲带是地球上地质构造活动最为活跃的地区之一。为了获得俯冲带的电性结构,美国自然科学基金会资助俄勒冈州立大学、俄勒冈大学、美国地质调查局等机构的学者组成联合研究团队,在 Cascadia 俯冲带中部开展了海陆联合长周期大地电磁观测（Egbert et al.,2022）。图 6-4 中紫色圆点表示的 MT 测点,点距约为 20km,测点总数 130 个,其中海上大地电磁测点 51 个。结合 EarthScope 计划所采集的平均点距为 70km 的长周期大地电磁测点（图 6-4 中黑色圆点）和 6 条 20 世纪 90 年代采集的剖面数据,对 Cascadia 俯冲带前缘区域进行了良好的覆盖。

为了得到俯冲大洋板块上方精细的电性结构,开展了融合地震速度结构的大地电磁联合成像反演。通过地震震源的精确定位方法,可以获得俯冲带地震震中的三维分布情况。在俯冲带,地震大多发生在俯冲的大洋板块与上覆大陆板块接触的上表面。震中的三维分布可很好地定义俯冲大洋板块上界面的三维形态（McCrory et al.,2012）。上述方法可以很好地定义 90km 以浅的俯冲板片的形态。由于俯冲的大洋板块具有高密度、高磁性、高地震波速、高电阻率、低温的地球物理异常,可以通过地震层析成像方法获得研究区高分辨率的速度结构,再提取连续高速体的形态,将震中定义板块形态向深部扩展到 350km（图 6-5）。由地震学数

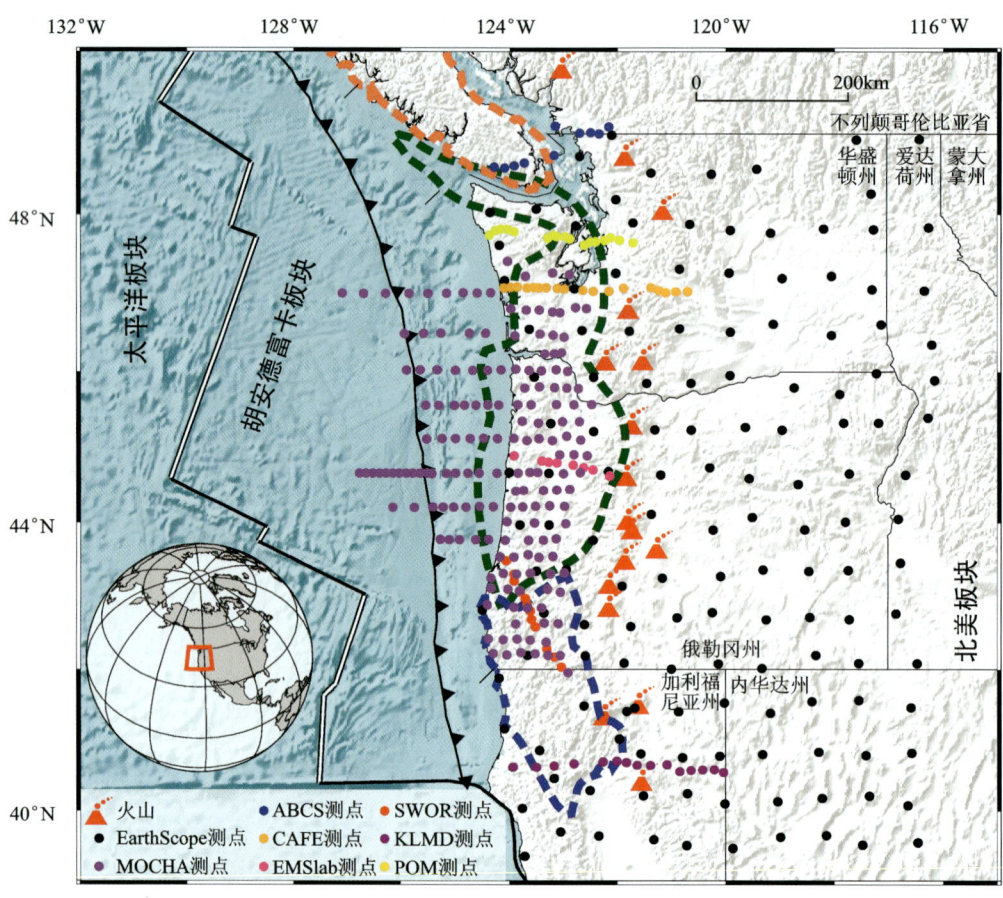

图 6-4 Cascadia 俯冲带构造单元简图及大地电磁测点分布图(Egbert et al.,2022)

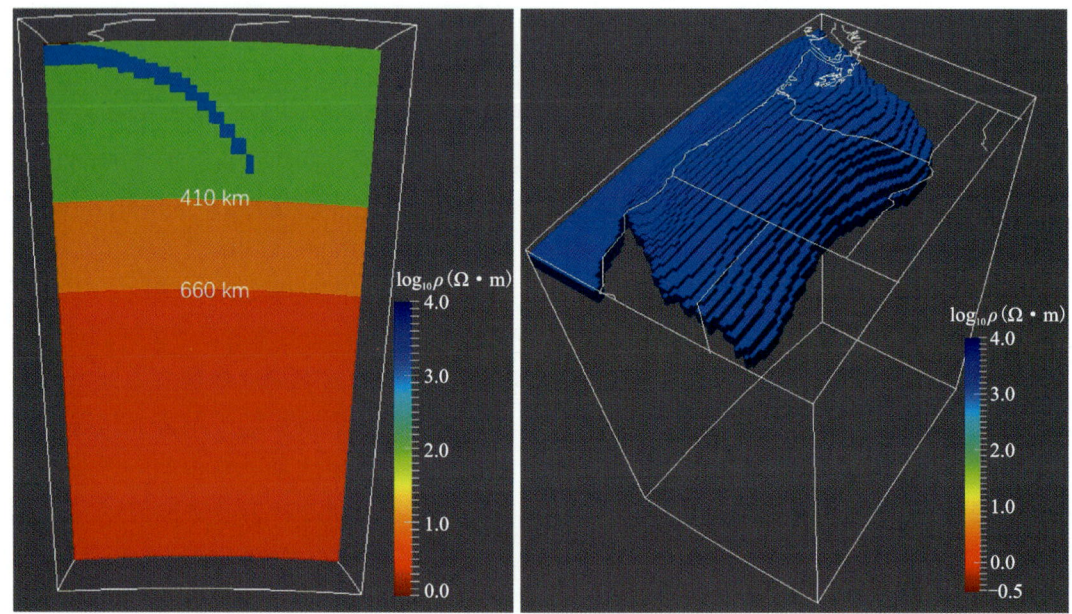

图 6-5 Cascadia 俯冲带电阻率成像反演初始模型图(Egbert et al.,2022)

据定义的该俯冲板片一定同时也是一个高阻异常体。将其作为先验模型融入三维大地电磁数据的反演成像，可以显著提高成像结果的分辨率，特别是增强了俯冲板片上方的精细结构的恢复效果(图 6-6)。

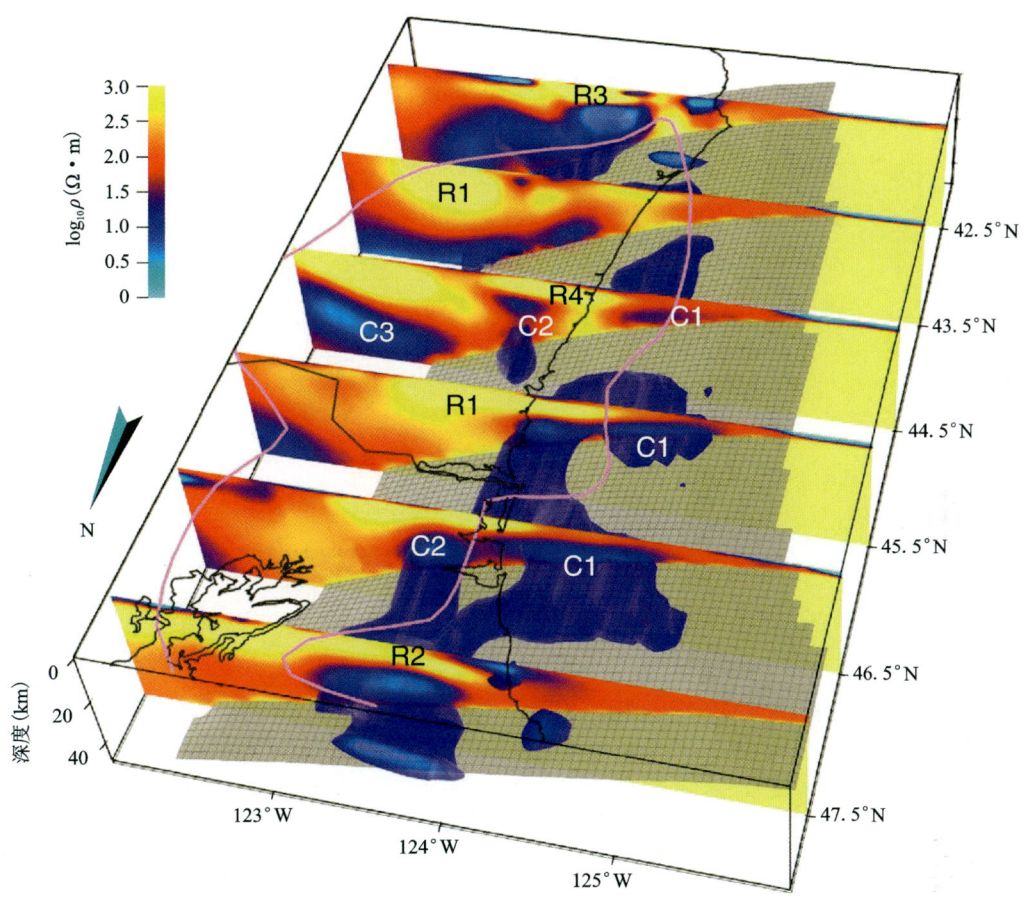

图 6-6　Cascadia 俯冲带三维电阻率成像结果(Egbert et al., 2022)

6.2.2　西准噶尔地区晚石炭世侵入岩体三维电阻率成像

侵入岩体从地球深部带来大量的流体与热量，在侵入过程中与围岩发生接触交代作用而富集金属矿。侵入岩体的三维形态也常常指示了其侵入时代的构造应力环境，对研究区域构造背景与演化也具有重要的意义。为此，在中国地质调查局的资助下，作者研究团队对新疆西准噶尔地区多个侵入岩体进行了三维结构成像研究(Yang et al., 2016)。此处以名为阿克巴斯陶的花岗岩体为例，简述基于音频大地电磁(AMT)技术的三维电阻率成像结果。

地表地质调查结果表明，阿克巴斯陶岩体为晚石炭世—早二叠世侵入到石炭纪灰岩地层中的 A 型花岗岩体(图 6-7)。为了对其进行三维电阻率成像，布设了 16 条线距为 2km 的 AMT 测线，每条测线包含约 28 个点距为 1km 的测点。AMT 测网的测点总数约为 463 个，完全覆盖了阿克巴斯陶岩体(图 6-8)。

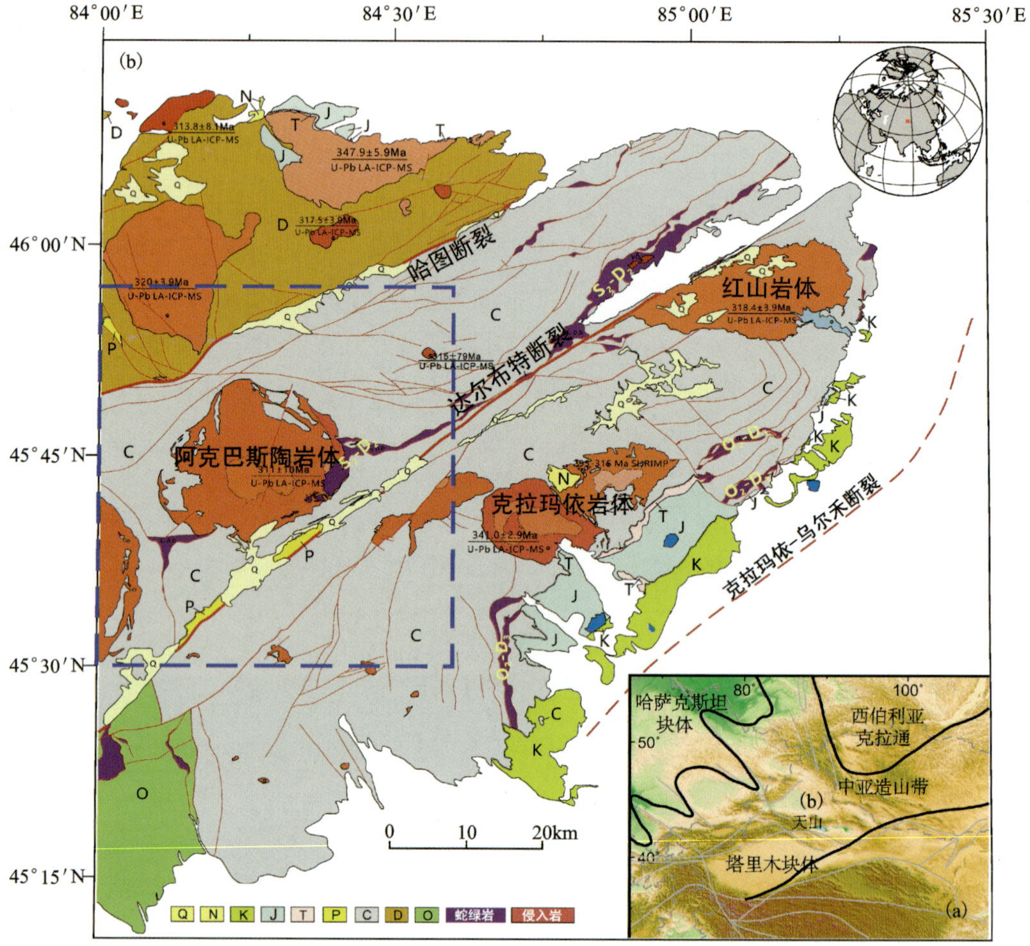

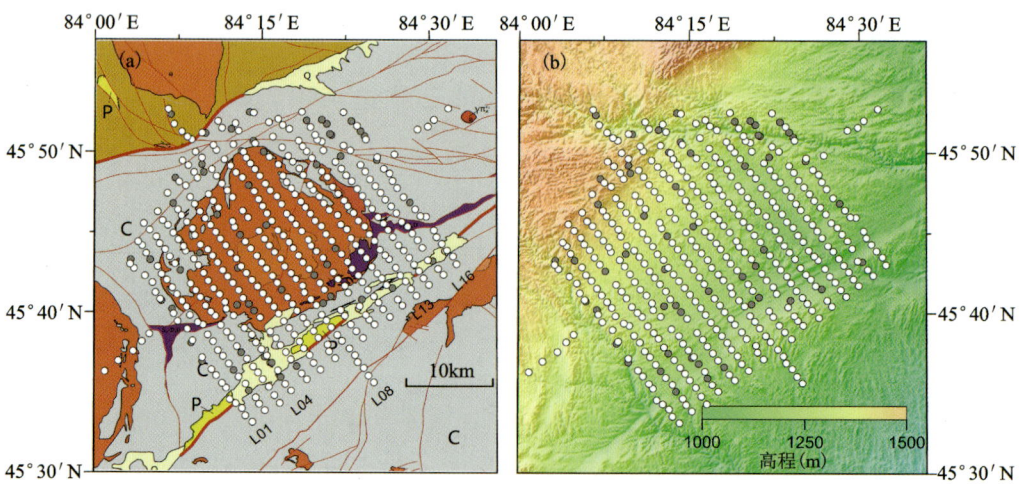

图 6-7 西准噶尔地区构造背景简图(a)和阿克巴斯陶岩体地质简图(b)(Yang et al.,2016)

图 6-8 阿克巴斯陶岩体 AMT 测点分布图(a)和地形图(b)(Yang et al.,2016)

采用了三维电磁反演系统 ModEM 对 AMT 数据进行反演,获得了高分辨率的电阻率模型(图 6-9 和图 6-10)。阿克巴斯陶岩体作为最显著的电性异常得到了清晰的成像,其深度从浅层延伸至超过 10km。阿克巴斯陶岩体呈不对称的蘑菇状,这表明在其形成时期(晚石炭世至早二叠世)西准噶尔地区处于伸展应力环境。

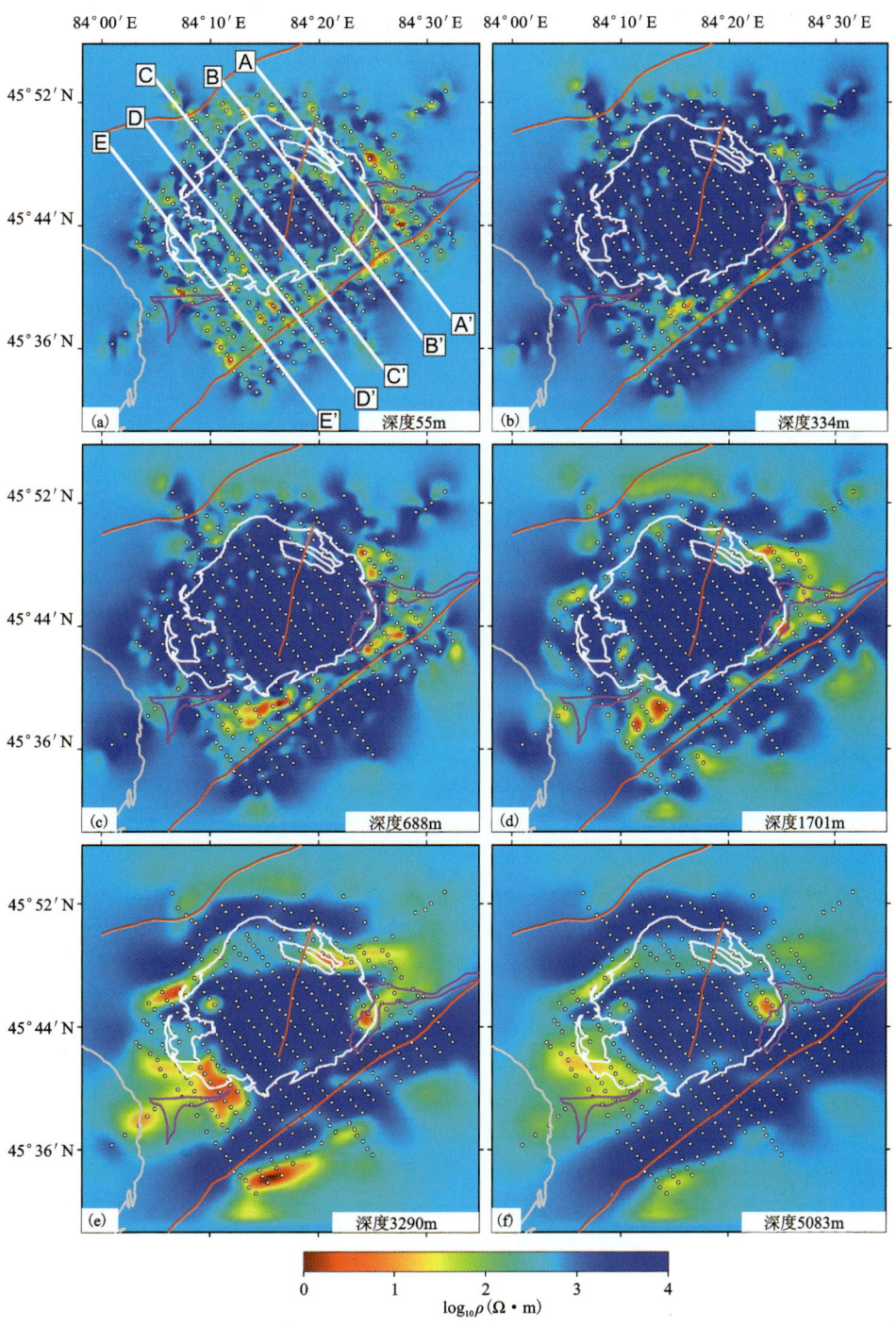

图 6-9　阿克巴斯陶岩体不同深度电阻率成像结果(Yang et al.,2016)

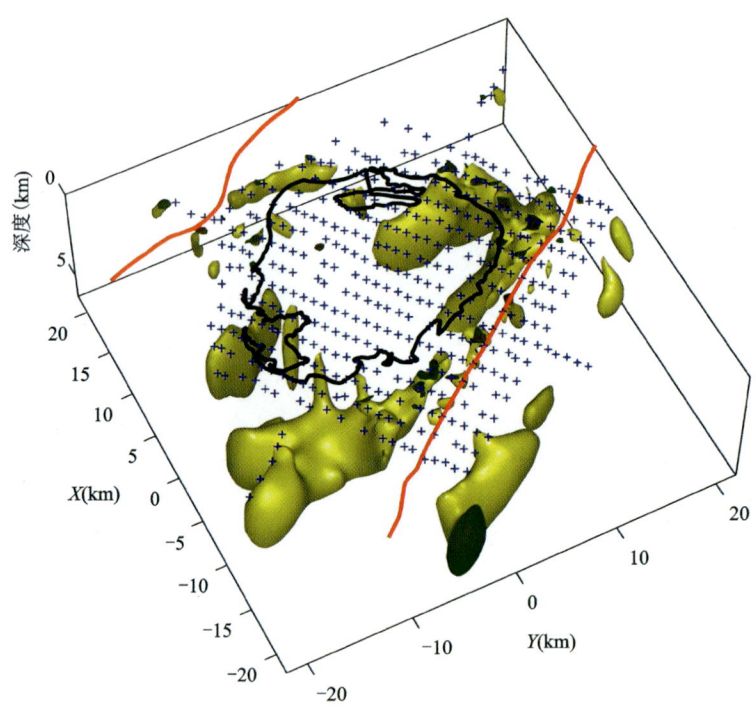

图 6-10　阿克巴斯陶岩体低阻异常体三维形态图(Yang et al.,2016)

该研究的解释结果支持晚石炭世西准噶尔地区俯冲洋脊构造模型,认为古代亚洲洋板块在克拉玛依弧下方向西北方向俯冲。阿克巴斯陶岩体的上涌通道可能位于其中心位置。达尔布特断裂是区内最大的断裂带,在成像结果表现为一条近垂直的狭长低阻体,从地表延伸至 2~5km。在阿克巴斯陶岩体边界周围还可以识别出其他低阻区域,可以解释为与岩浆活动相关的热变质作用。

达尔布特断裂在浅部的电阻率切片中最为明显。尽管地表地质调查显示达尔布特断裂可能是一条深的高角度断层,但在反演的电阻率模型中,只在浅部呈现出一条窄的低阻区。这意味着达尔布特断裂的形成可能归因于后期岩浆的侵入结果。

7 探地雷达与灾害隐患排查

探地雷达(Ground Penetrating Radar,GPR)是一种宽频带脉冲电磁波方法,它的工作原理与反射地震方法类似,具有快捷、简单、抗干扰和场地适应能力强等优势,是开展滑坡调查重要而有效的工具(李大心,1994;Barnhardt et al.,2000;Bichler et al.,2004;杨成林等,2008;曾昭发等,2010)。该方法通过分析地下介质的电性和磁性变化引起的电磁波的散射和反射,可以获取地下介质信息,其研究内容主要包括滑坡体内部结构、滑动面形态和深度(图 7-1),以及局部富水性等地质信息(王春辉等,2013;Lissak et al.,2015;Zieliński et al.,2016;Zajc et al.,2017;Bednarczyk et al.,2019)。

开展多频探地雷达滑坡勘察研究,最大限度地提高精度,有助于直观地反映滑坡的结构特征信息,定量化地表征探测目标体物性特征和水文地质、岩土力学特征之间的关系,并分析滑坡空间分布及发展趋势与地质环境因素之间的关系,结合三维探测及四维监测,可以构建滑坡地质灾害的时空模型,更详细、可靠和全面地对滑坡稳定性以及形成机制做出客观的评价,从而为滑坡灾害的监测预警和滑坡的治理提供科学的参考(图 7-1)。

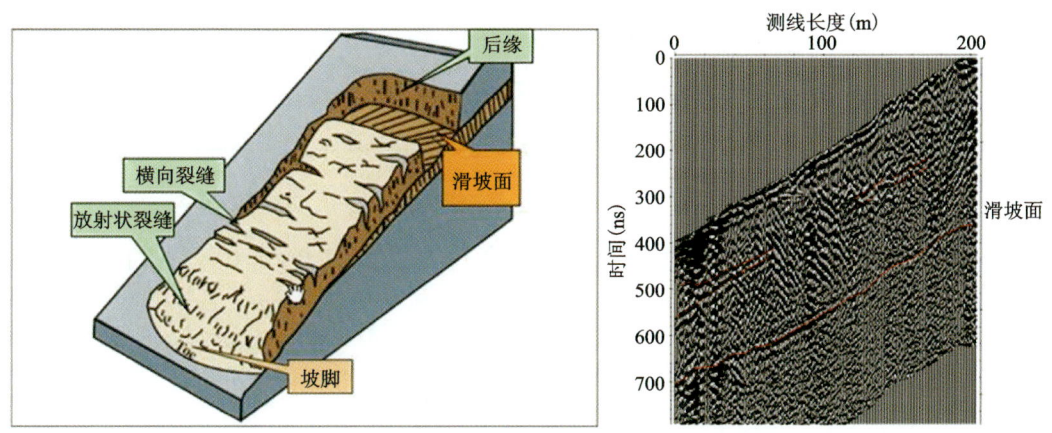

图 7-1 滑坡示意图及相应探地雷达探测剖面

7.1 面向滑坡探测的探地雷达正演模拟

为深入分析滑坡演化的地质过程,探究滑坡发生的原因、演化机制、演化规律和影响滑坡演化的因素,从而为滑坡治理、危害防治方面提供科学性指导。本研究通过时域有限差分法,建立不同阶段的滑坡模型,并对其进行探地雷达正演模拟,获得面向滑坡探测的探地雷达成像规律。

影响电磁波传播的参数主要有相对介电常数、电导率、相对磁化率和磁导率。决定电磁波场波速度的主要因素是介电常数,电导率一般只考虑对电磁波的损耗和衰减,而磁导率和相对磁化率的影响在探地雷达应用领域大多数情况下不作考虑,因此,参数的设置主要考虑介质的相对介电常数。

在对滑坡开展研究时,主要介质是软土,干土的介电常数变化范围是 2~4,且基本与频率、温度无关;湿土则可以认为是由软土固体、孔隙、结合水和自由水组成的四相混合物。其中,结合水是指在物理力的作用下,被软土粒子紧紧束缚在它周围的水;而自由水则是在结合水外,能够相对自由移动的水。水的相对介电函数随温度变化明显,在常温下(25℃)为 81.0。

Dobson 等(1985)提出了一个土壤介电常数模型,其简化形式为

$$\varepsilon_{\text{soil}}^{a} = (1-\varphi)\varepsilon_{\text{ss}}^{a} + (\varphi - m_v) + \varphi_{\text{fw}}\varepsilon_{\text{fw}}^{a} + \varphi_{\text{bw}}\varepsilon_{\text{bw}}^{a} \tag{7-1}$$

式中:$\varepsilon_{\text{soil}}^{a}$ 是软土的介电常数;$\varepsilon_{\text{ss}}^{a}$ 是软土固体成分的介电常数;$\varepsilon_{\text{fw}}^{a}$ 和 $\varepsilon_{\text{bw}}^{a}$ 分别是自由水和结合水的介电常数;φ 是除软土固体以外的成分含量;φ_{fw} 和 φ_{bw} 分别是自由水和结合水的含量。

模型参数如表 7-1 所示。

表 7-1 模型介电属性表

模型	相对介电常数	电导率(S/m)	相对磁化率	磁损
滑床	10.0	0.1	1.0	0.0
滑坡体	8.0	0.01	1.0	0.0
水(20℃)	81.0	0.05	1.0	0.0
破碎滑坡体	6.0	0.5	1.0	0.0
背景介质	2.0	0.0	1.0	0.0

图 7-2 是简化的滑坡演化模型,图 7-3 是相应的探地雷达正演模拟,在滑坡初始阶段,可观察到较强的反射特征,代表滑坡表面和边界的界面反射。随着滑坡的进一步发展和破碎,反射特征可能变得更加复杂和不规则,包括弱反射、散射和多次反射。随着滑坡的破碎和变形,土体的连续性和内聚力可能减弱,导致反射强度减弱。滑坡在演化的过程中,会受到诸多因素影响,滑坡的含水和结构的破碎程度是影响滑坡演化的重要因素,当软土或岩石中的含水量增加时,水分填充了孔隙空间,降低了软土或岩石颗粒之间的接触力和摩擦力,导致土体或岩体的抗剪强度降低,从而增加了滑坡的概率。

此外,含水量的增加还会导致孔隙水压力的增加,削弱软土或岩石的有效应力,进一步降低了其抗剪强度,增加滑坡的发生风险。当软土或岩石破碎,或者存在裂隙时,它们的抗剪强度和稳定性明显降低。这是因为破碎和裂隙导致土体或岩体内部的强度不均匀,使得滑动面的形成更容易。破碎还会影响软土或岩石的透水性,使其更易受水分渗透和饱和,进一步降低了抗剪强度和稳定性。

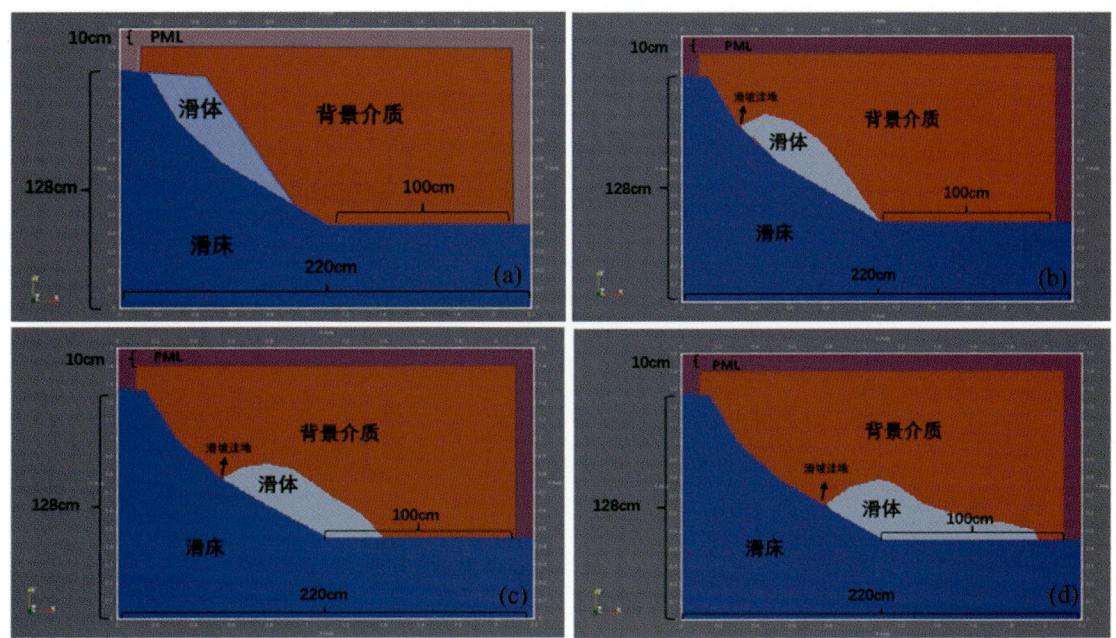

图 7-2 滑坡演化模型

(a)蠕滑阶段;(b)缓慢滑动阶段;(c)加速滑动阶段;(d)滑后稳定阶段

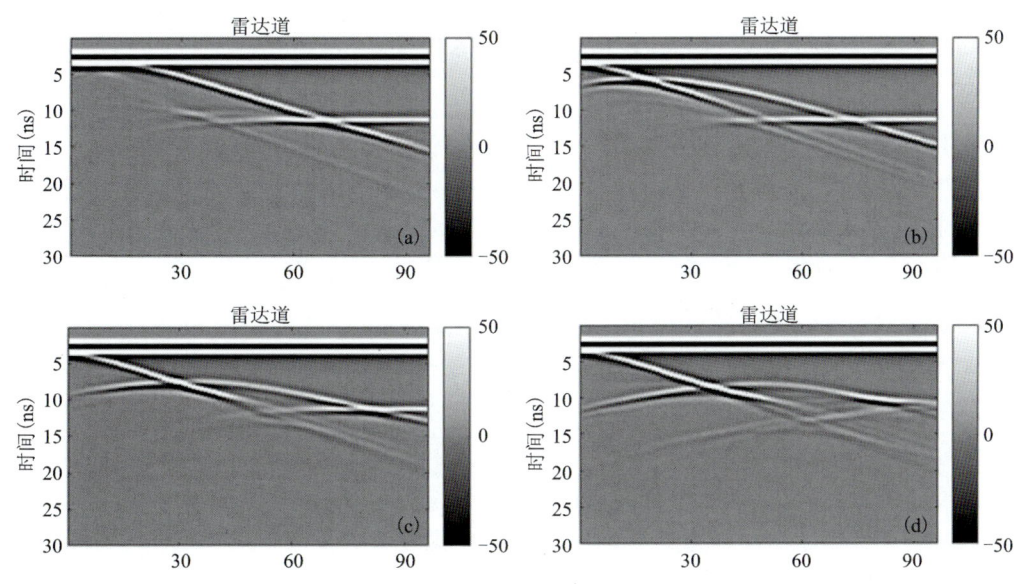

图 7-3 滑坡演化模型探地雷达正演模拟

(a)蠕滑阶段;(b)缓慢滑动阶段;(c)加速滑动阶段;(d)滑后稳定阶段

考虑到含水性对滑坡演化的影响,在保持其他因素不变的情况下,模拟降水后在滑坡表面形成 5cm 左右湿土的雷达成像(图 7-4)。含水量变化对探地雷达的信号响应产生明显影响,随着含水量的增加,雷达信号的幅度逐渐降低,且信号反射位置的深度也逐渐加深;含水量较高的部分往往具有更高的电导率,因此其信号反射能力较弱;随着含水量的增加,滑坡区域的变形程度逐渐加剧,因此该地区的滑坡风险也相应加大。

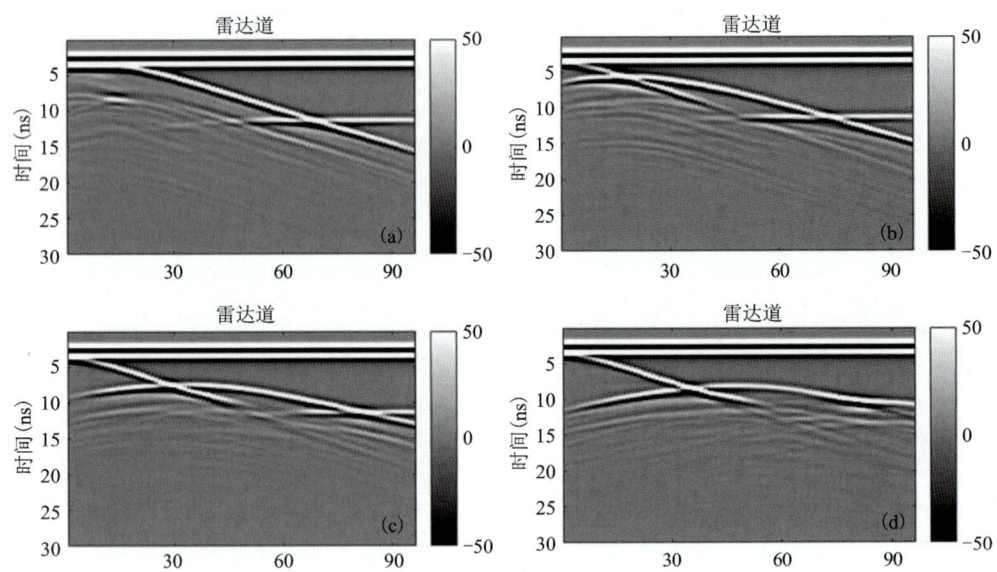

图 7-4 考虑降水因素的滑坡演化模型探地雷达正演模拟
(a)蠕滑阶段;(b)缓慢滑动阶段;(c)加速滑动阶段;(d)滑后稳定阶段

7.2 多频探地雷达数据融合

探地雷达勘察滑坡时,其探测深度为 10～20m,但对于饱水或黏土区域,雷达波衰减剧烈,探测深度会受到一定限制。常用的探地雷达工作频率范围一般在 10MHz～6GHz 之间,天线频率越高,雷达波穿透深度越浅,对地下介质探测的分辨率越高;而较低的天线频率虽然提高了探测深度,但降低了浅部的分辨率。单一频率探地雷达数据信息量有限,制约着复杂地下环境目标体的定位和成像,因此,需要根据实际探测需求,选择不同频率的天线或天线组合开展实测工作,而多频率探地雷达数据融合可以进一步有效地拓展信号的频带宽度。

在多频率探地雷达数据融合领域,Alhasanat 等(2011)沿着深度方向将不同频率的二维雷达图像分割为若干单元,并将高频和低频图像分别自动分配到图像的顶部和底部,其余的中频带位于图像中部,组合形成一个复合图像。Cist 等(2015)进而开发了可以自动或手动调节并确定不同天线频率图像融合的最佳过度深度范围的方法,从而得到融合图像。这些方法将数据融合转换为剖面图像的拼接,虽然简化了数据的分析,但忽略了雷达波的物理意义。Xiao 等(2015)利用确定性反褶积外推算法对多频探地雷达信号进行融合,但该算法要求假定衰减为频率相关的线性函数。Xu 等(2019)提出了一种新的多频率探地雷达数据空间配准和频率域融合算法,为道路病害检测和安全评价提供技术支持,但当频谱重叠不佳时,利用这种方法扩展频谱带宽并不合适。因此,需要开发更为系统化、常规化、流程化的实时多频探地雷达融合技术。

以河南太行山区采集的探地雷达数据为例,研究了面向滑坡探测多频率探地雷达数据的融合方法。数据采集过程使用了不同中心频率天线的 ProEx Malå Geoscience 探地雷达系统,分别是 250MHz、500MHz 和 800MHz,数据采集现场如图 7-5 所示。

数据处理流程如下:①数据编辑;②直流成分去除(dewow);③时间零点漂移(250MHz:-10ns;500MHz:-6.5ns;800MHz:-2.5ns);④振幅增益,使用了线型和指数型相组合的复合型增益函数;⑤带通滤波(下截止点-下平台-上平台-上截止点分别为 250MHz:120-150-440-520MHz;500MHz:220-260-750-1000MHz;800MHz:360-440-1200-1400MHz);⑥背景一致性噪声去除;⑦道间均衡,每 3 道记录进行一次平均计算作为中间道的值;⑧能量均衡,不同频率的信号振幅被归一化到同一水平;⑨时窗截取,保留信号有效信息的最佳显示窗口,从高频到低频分别为 100ns、120ns、200ns;⑩重采样,将 3 个数据集的信号离散采样点(沿时间序列)重采样为一致的间隔。

图 7-5 河南某地探地雷达数据采集图示(黑箭头表示测量起点、终点和测量方向)
(a)地面测线布置;(b)正视角方向的挖掘剖面

图 7-6 为各频率信号的剖面灰度显示,它们更加直观地显示了各频率探地雷达数据对地下介质的成像能力。由图 7-6 可见,随着天线频率的增加,图像显示的分辨率也越高,但信号的有效穿透深度逐渐降低。在 800MHz 剖面中,信号能量在 80ns 左右完全衰减,而在 500MHz 和 250MHz 剖面中,信号能量分别在 100ns 和 200ns 左右完全衰减。然而,800MHz 剖面提供了石灰岩内部相关构造更详细的信息(如图中蓝色箭头所示)。在 8~10m 的测线距离上,这些剖面均未出现强烈的反射,表明该区域石灰岩发育良好。由于成岩作用、沉积作用和构造作用等原因,在剖面其他区域出现了一些连续的强反射特征。例如,蓝色虚线指示了在浅部灰岩内部的节理或裂隙等构造;图中椭圆标示的区域内反射特征较为杂乱,表明该处可能存在破碎带;而在图 7-6(c)中,可以清楚地观察到更深部的构造,如黄色虚线和黄色椭圆所示。

图 7-7 是 250MHz、500MHz 和 800MHz 数据融合之后的剖面灰度显示结果。整体而言,在融合剖面的浅部(0~80ns),保留了更多 500MHz 和 800MHz 剖面的信息,该区域图像分辨率比融合前的 250MHz 图像要高。而在剖面更深部的区域,则主要或完全来自 250MHz 图像的信息。通过多频探地雷达融合剖面,可以更好地对该研究区域进行综合的地质解释。与单个频率剖面的分析结果相对应,在融合剖面中,石灰岩中的节理或裂隙等构造用曲线标出,椭圆则标示了区域内与破碎带有关的反射特征,蓝色和黄色标志则分别表示剖面中浅部和深部区域的构造。

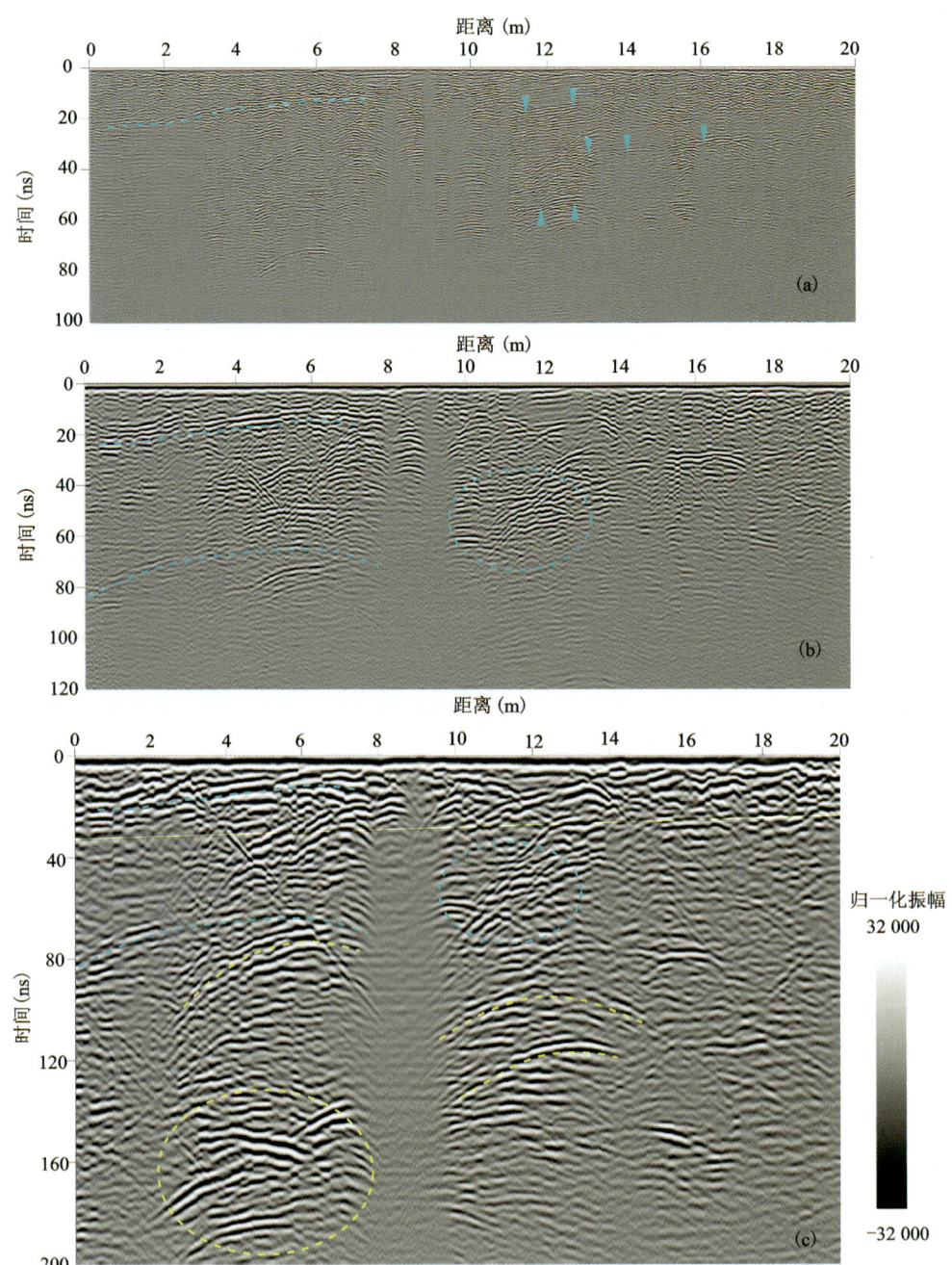

图 7-6　各频率探地雷达信号的剖面灰度显示（虚线表示灰岩内部的节理和裂隙等构造；椭圆为潜在的破碎带；箭头提供了这些构造更高分辨率的显示；蓝色和黄色标志用来区分剖面中浅部和深部的构造）
(a)800MHz 剖面；(b)500MHz 剖面；(c)250MHz 剖面

图 7-8(a)～(c)分别是 800MHz、500MHz 和 250MHz 信号通过快速傅里叶变换得到的频谱。本例中给出的信号相关示例均来源于各频率数据集的第 560 道信号，从频率分布图中可以看出，低频信号(250MHz)在频率域上的归一化幅值要大于中/高频信号，表明信号的低

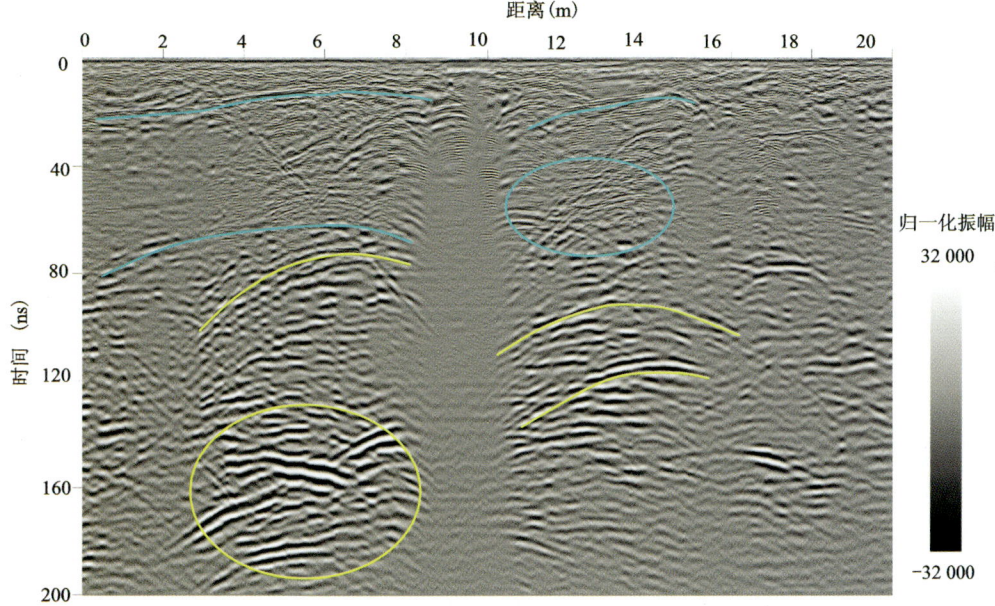

图7-7 250MHz、500MHz和800MHz数据融合后的剖面灰度显示（曲线指示石灰岩内部的节理或者裂隙；椭圆标示了灰岩内部潜在的破碎带；蓝色和黄色标志用来区分剖面中浅部和深部的构造）

频成分占主导地位；比较图7-8(a)～(c)和(d)，融合信号保留了250MHz信号的低频成分，并且其高频成分也得到了来自500MHz和800MHz信号的补偿。融合结果的频谱分析表明，本算法综合了不同频率信号的能量贡献，拓宽了频谱的带宽。

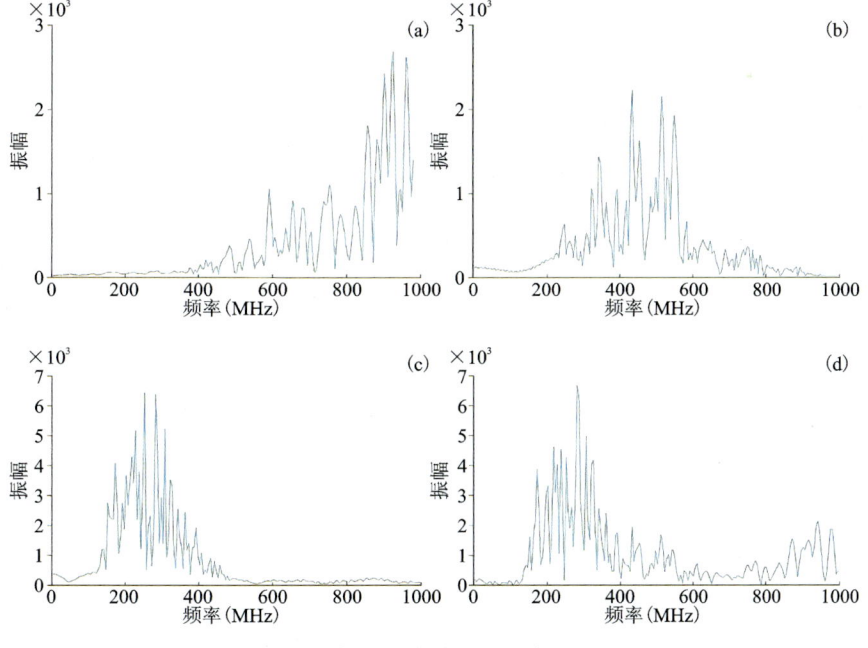

图7-8 信号融合前后的频率分布图
(a)800MHz；(b)500MHz；(c)250MHz；(d)3个频率信号融合后频谱

7.3 探地雷达智能探测

目前探地雷达剖面的解译通常依赖探地雷达专家的人工解译,费时费力,且通常受到专家主观因素的影响,导致结果间互相存在差异。为了克服人工解译的局限性,需要开发一种新策略,利用不同雷达相的属性特征,以更高效、客观、智能且结果一致的方式识别与分类探地雷达剖面。近年来,随着人工智能的发展,各种计算机人工智能技术被应用到探地雷达领域,并展示出了巨大的应用潜力。2000年,Gamba和Lossani在数据处理过程中,以增强地下掩埋物体特征为目标训练神经网络,突出检测目标双曲线。2005年,Shaw等使用具有单隐藏层和8个节点的多层感知器(MLP)网络来检测具有双曲线图像格式的钢筋的信号反射,以识别简化的双曲线形状,结果表明,MLP神经网络可以有效地自动识别和定位地质雷达勘察中埋藏的钢筋。探地雷达的目标检测研究主要面向管道、钢筋在剖面中形成的双曲线等明显反射特征,对于滑坡等沉积特征的雷达数据识别与分类则有很大局限性。

"相"指的是地表下物质生成时的古地理环境及其物质表现的总和,雷达相可以被理解为沉积相在该雷达剖面上表现的总和。雷达相划分是对目标层段的雷达道形状特征(即不同属性特征)进行分类,因此,不同属性特征的提取至关重要(Zhao et al.,2015,2016,2018)。2015年,Tronicke和Allroggen等提取雷达剖面灰度共生矩阵(GLCM)的13个雷达纹理属性,随后,使用主成分分析(PCA)方法保留前3个主成分,并分别将3个主成分分别赋值给RGB三通道进行颜色叠加,并对颜色叠加剖面进行类别为3和6的模糊C均值聚类,聚类算法的引入使智能分类更加高效,但该算法聚类个数的选取是不确定的,没有依据不同雷达相的纹理特征系统地定义剖面中待识别的雷达相。2018年,Bowling等提取雷达剖面数据的结构-平行向量图像结构张量,并进行K-means聚类,识别出8种不同特征的雷达相,该算法考虑了不同雷达相在雷达剖面中的反射方向和倾角,并以此为依据构造数据集,进行聚类,但没有充分考虑剖面数据的振幅大小、位置信息等,因此分类结果可视化效果有待改进。

为此本研究设计了一种面向沉积特征成像的探地雷达识别与分类算法,流程如图7-9所示。主要思路是利用K-means++聚类方法对从探地雷达剖面中提取的多探地雷达属性特征集进行聚类。为了获得剖面的纹理特征,利用Gabor滤波器这种同时具有方向与频率选择特性的纹理特征提取方式,提取与Gabor滤波器相关的探地雷达属性,并结合剖面位置信息矩阵构建多探地雷达属性特征集。将该数据集聚类,成功地对研究区域探地雷达剖面中的多种不同雷达相进行了识别与分类。

本研究采集的探地雷达剖面所含的雷达相可根据反射连续性、形状和方向的不同分为6类,选择了6个不同雷达相的剖面样本,详细的纹理特征和相应的描述见表7-2。

图7-10是智能分类结果,S1和S3的FeatureSet聚类和PCA-FeatureSet聚类的结果都能如预期一样成功地对雷达相的6种不同纹理特征进行分类,但在局部细节(如白色和黄色矩形表示的区域)上存在一定的差异。而S2的结果显著不同(如青色矩形框选的区域)。弱振幅雷达相,即图7-10(e)中的R6,在图7-10(f)中不能被辨别,相反,它被完全误认为强振幅雷达相。因为属于R6的一些数据被认为是非原始数据,并且在PCA数据降维期间被丢弃

7 探地雷达与灾害隐患排查

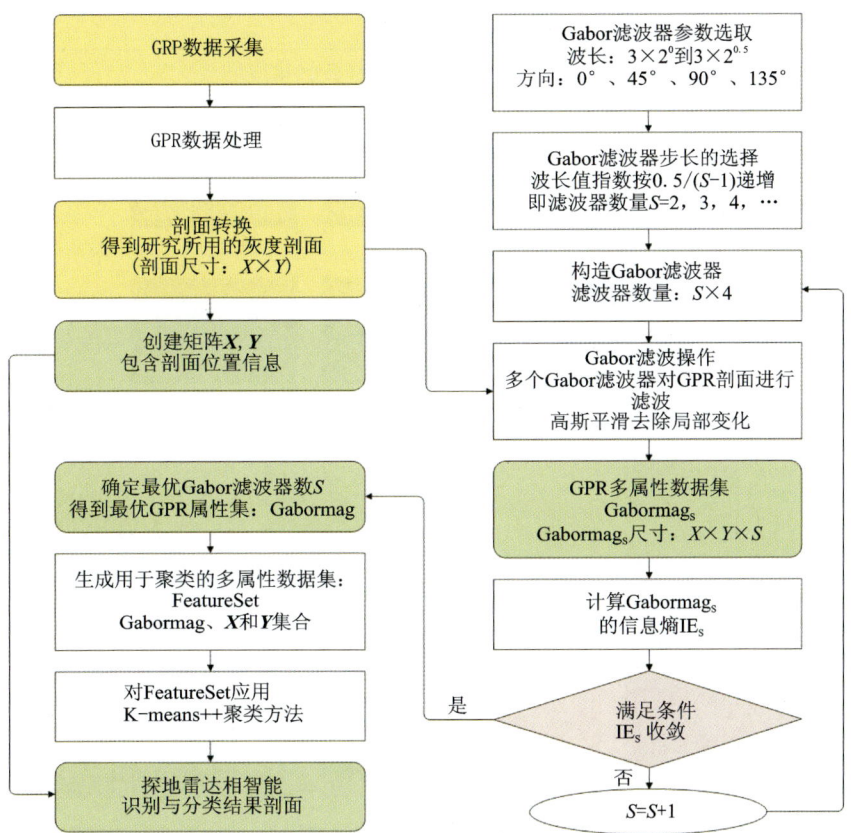

图 7-9 基于探地雷达多属性聚类的智能识别与分类算法流程图

表 7-2 典型雷达相（R1-R6）的纹理特征、聚类、反射示例和特征描述

雷达相	纹理特征	聚类类别	示例（反射和结果）		描述
R1	空白纹理				空白雷达相
R2	连续上倾纹理				连续上倾反射的强振幅雷达相
R3	连续下倾的近水平纹理				连续近水平下倾反射的强振幅雷达相
R4	连续高角度倾斜纹理				连续高倾角倾斜反射的强振幅雷达相

续表 7-2

雷达相	纹理特征	聚类类别	示例(反射和结果)		描述
R5	不连续纹理				杂乱反射的不连续雷达相
R6	弱振幅纹理				丘状反射的弱振幅雷达相

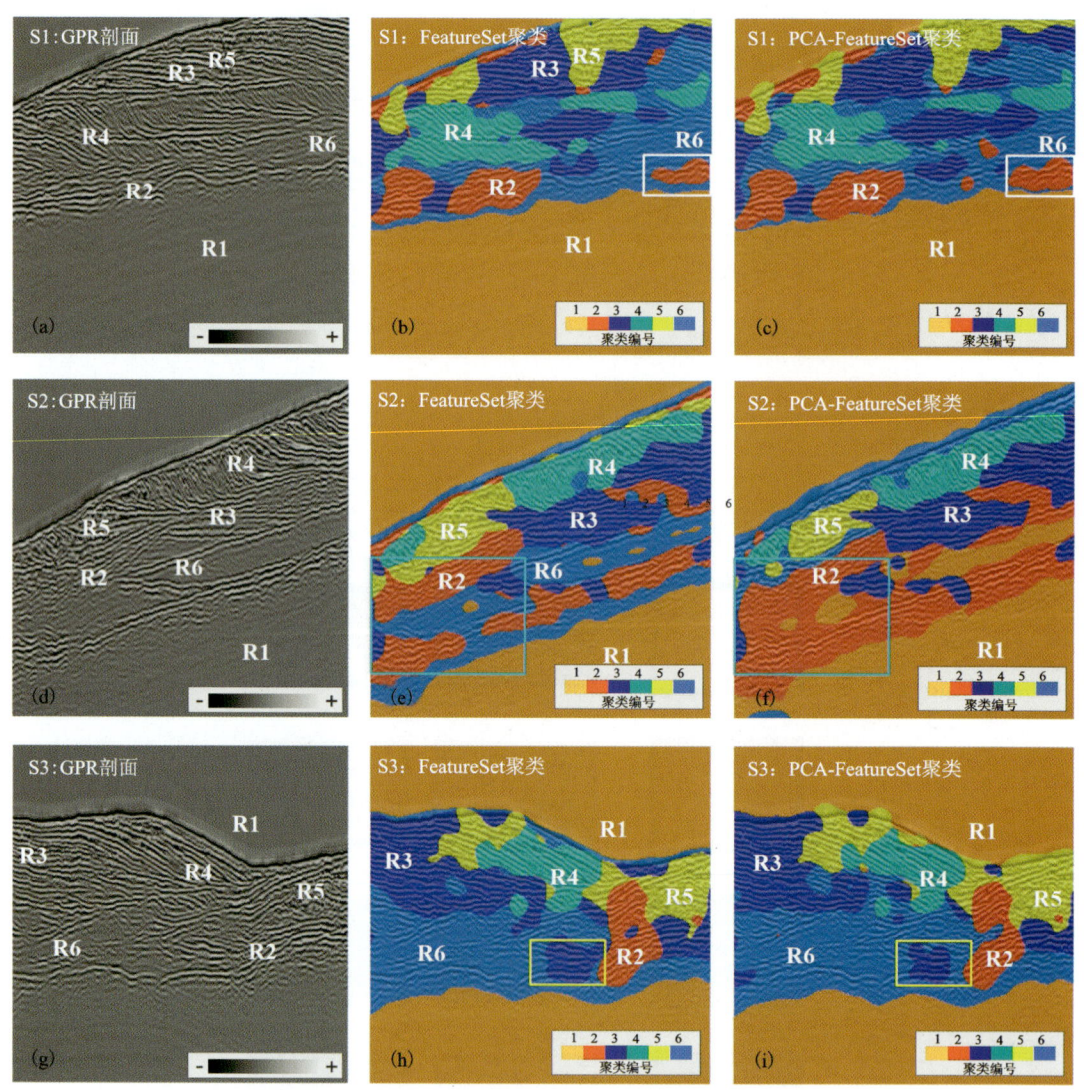

图 7-10　S1～S3 探地雷达剖面及其数据聚类结果

（或者雷达相 R6 在降维数据中的权重较低）。聚类算法相比于深度学习算法有着高效性，不依赖事先标记的训练数据，适宜应用于采集数据较少的探地雷达剖面识别与分类。在面向沉积特征（例如滑坡）的沉积序列划分中，兼具方向与频率特性的 Gabor 探地雷达属性聚类，可以对沉积剖面中的不同沉积单元进行快速分类，准确划分各个沉积层理的边界，帮助解译人员简化探地雷达剖面的识别难度。

8 应用光缆的智能感知和地下工程监测

限于观测成本及观测方式,传统地震观测技术需要在有限的空间分辨与有限的空间覆盖之间折中,难以满足时下多尺度多目标的地下介质精细结构成像与监测的需求,因此研究新型地震观测与成像方法符合国家重大战略的发展需求,也具有重大社会意义。

分布式声波传感(Distributed Acoustic Sensing,DAS)是一种利用光纤(如城市、海底广泛存在的通信光缆)作为媒介,并通过激光在光纤中瑞利散射的干涉效应来实现振动和声波场连续分布式探测的新型传感技术,具有结构简单、传感距离长、检测精度高、环境适应性强等优点。DAS独特的信息感知能力为地下介质探测与监测的新方法和新技术的发展提供了新思路。

8.1 DAS应用原理

高密度地震观测的主要目的:一是可以空间保真地采集高频地震波场,提高地下成像分辨率和可信度;二是能够改进震源参数的反演精度、微震活动和介质微弱变化的跟踪能力。更高密度(如接近地震勘探的米级密度)的长时连续观测,将具有高空间和时间分辨率的地下介质变化监测能力,在中小尺度区域勘探中有着广泛的应用需求,特别是对地震断裂带、水库库区、滑坡地带和油气开采等的精细四维(4D)动态监测。例如,断层的密集监测是认识地震孕育、发生和破裂过程的关键。但对于狭长(宽几米至几千米,长几十千米至上千千米)的断裂带,常规的点式密集监测需要大量的设备投入和后期巨大运维支撑。因此,只有降低监测设备成本和运行成本,才能真正推动高密度4D地震成像与监测的发展。近年来,基于光纤传感器的密集地震台阵技术已发展成为低成本、高分辨观测的重要手段,在高精度事件检测和高分辨率结构成像与监测方面受到越来越多的关注。

随着光电技术的发展,基于物理场对光信号的作用机理发展起来的分布式光纤传感技术(Distributed Fiber Optic Sensing,DFOS)为地震观测提供了新的解决方案。DFOS的想法在20世纪70年代开始被提出,光纤在地震波场作用下折射率发生变化,通过探测背向散射信号的强度、相位变化,可以获得地震波场的信息,由此发展了分布式应变传感(Distributed Strain Sensing,DSS)、分布式温度传感(Distributed Temperature Sensing,DTS)、分布式振动传感(Distributed Vibration Sensing,DVS)、分布式声波传感(Distributed Acoustic Sensing,DAS)等技术,其发展历史和详细原理可以参考张旭苹(2013)和Hartog(2018)的专著。DAS技术也被称为分布式光纤地震传感技术,可以提供高精度的地震波形信息(Parker et al.,2014),因此近年来被广泛应用于地震学研究领域中,成为高密度地震学观测的重要技术。

Web of Science 核心合集的索引数据(截至 2023 年 11 月)显示,尽管在 21 世纪之后,DAS 的相关研究才开始起步,但近十年来,无论是广泛意义的 DAS 研究,还是聚焦于地震学或者地球物理学领域的 DAS 研究,都取得了显著进展(图 8-1)。

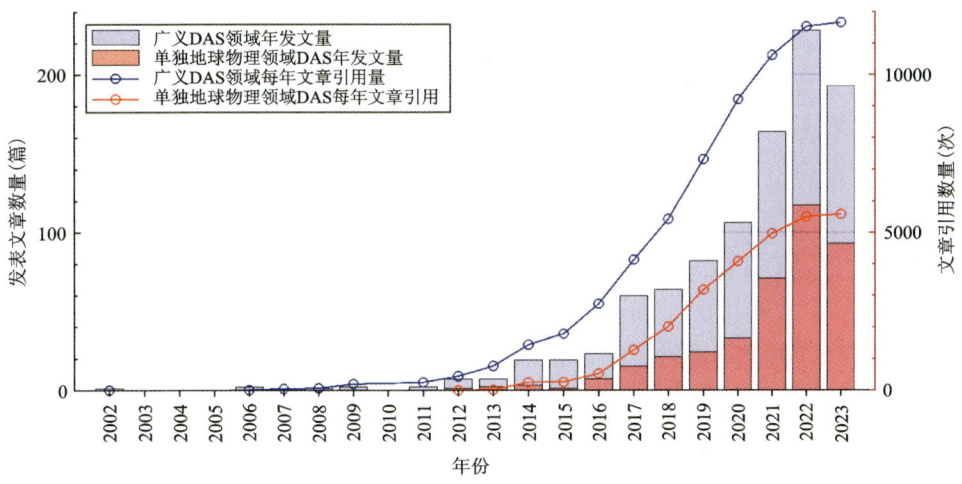

图 8-1　DAS 领域文章发表趋势(数据来源 Web of Science)

究其缘由,主要还是 DAS 自身所具备的多重优势。第一,它利用光纤本体作为传感单元,可以连续采样光纤沿线的地震波场,不再是单点观测;第二,光纤本体耐极端温度和抗强电磁干扰,且供电、存储和传输等都集成于光纤一端的解调仪中,运维成本大幅度降低,也有利于在恶劣环境下施工;第三,DAS 不仅可以利用专门布设的特种传感光缆,如微结构光缆,也可以利用已有的城市、海底通信光缆或其他传感光缆,从而降低了野外布设成本。

鉴于上述优势,通过布设于竖直或水平钻井中的光缆,该技术已应用到石油领域及地热资源的勘察开发中;利用城市通信光缆或以浅沟填埋方式布设的光缆,该技术还应用到地震滑坡监测和地壳结构成像研究中;利用海底光缆也可以探测海底沉积层的结构,而将光缆布设于极地或冰川的冰面上,可以研究全球变化和冰川消融(图 8-2)。因此,DAS 技术是当前研究的热点和前沿(Zhan,2020;Lindsey and Martin,2021)。

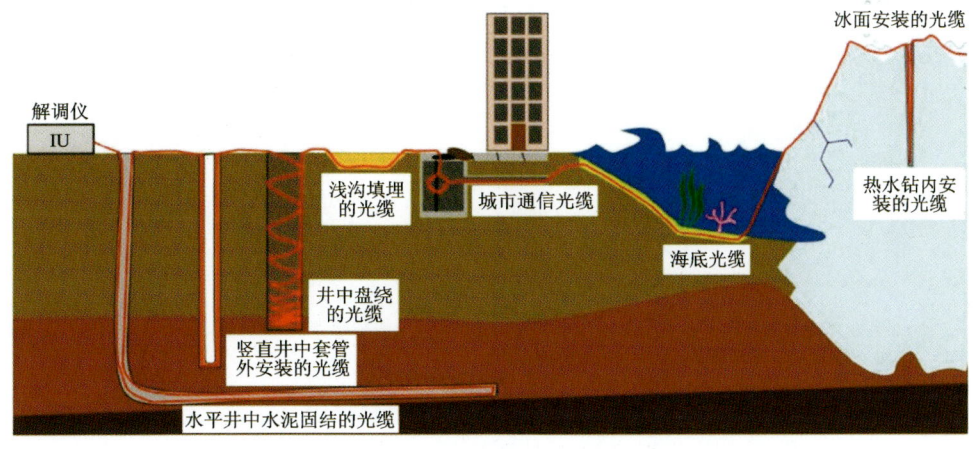

图 8-2　DAS 的一些应用场景示意图(张丽娜等,2022)

8.2 DAS工作原理

8.2.1 光纤传感原理

1)光纤中的散射传感

光纤散射是光在光纤中传播损耗的一个重要原因,不仅与光纤介质的纯度或不均匀性、光与光纤介质的电磁相互作用有关,而且与光纤外部环境(如温度和压力)变化有一定的关系。光纤散射机理较多,最为显著的3种为瑞利(Rayleigh)散射、拉曼(Ramman)散射和布里渊(Brillouin)散射(张旭苹,2013)。散射光的传播方向是随机的,但在光纤中最终将汇集成与入射光传播方向相同的前向散射和相反的背向散射。散射光的频率、强度响应特征与入射光、温度和应变有关。瑞利散射光是最强的散射光,它的能量比入射光低约53dB(张旭苹,2013);拉曼散射光的能量比瑞利散射光低约18dB(Masoudi and Newson,2016)。在近红外频带,瑞利散射可以让光纤中光的衰减达0.1~0.2dB/km(Lindsey and Martin,2021)。对于温度和应变变化,不同散射光的灵敏度和响应模式存在显著差别:瑞利和布里渊散射对温度和应变都有响应,但瑞利散射仅有振幅响应,布里渊散射频率和振幅都有响应;拉曼散射的频率偏移与材料有关,振幅变化与温度有关。

拉曼散射和布里渊散射属于非弹性散射,即光子在散射过程中有能量交换。如果散射光子吸收能量,其频率向高频偏移(称为反斯托克斯漂移,Anti-Stokes Shift);相反,如果释放能量,则频率向低频偏移(斯托克斯漂移,Stokes Shift)。拉曼散射是光子和光纤介质粒子在碰撞过程中交换能量的产物,其偏移频率、强度与光纤介质粒子的热运动(即温度)有关,反斯托克斯拉曼散射对温度更敏感(图8-3)。布里渊散射是光波与光纤介质物质波相互作用形成的。物质波是光纤变形或光纤介质宏观热运动所产生的光纤晶格波动或介质折射率波动,和入射光波结合后,产生散射并具有类似多普勒频移现象:散射光传播方向与热振动方向同向时,散射光频率增高;反之,则频率降低。

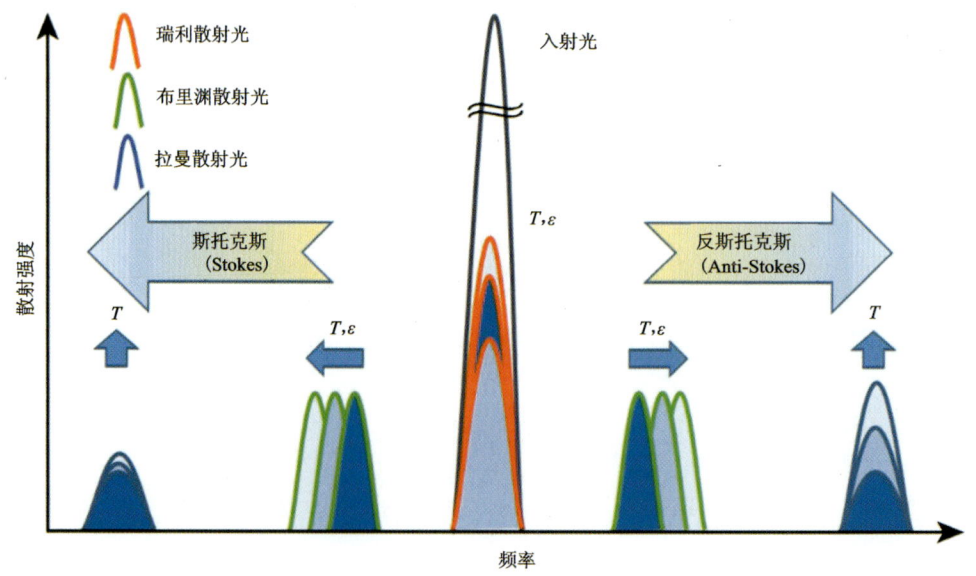

图8-3 光纤几种散射光的频率和强度分布示意图(王伟君等,2022)

瑞利散射属于弹性散射。光的弹性散射和地震波的弹性散射类似,与传播介质的不均匀性(如密度、成分或折射系数的差异)有关。弹性散射时光子的能量几乎没有损耗(频率不漂移)(图 8-3),但运动方向被重新分配。当散射粒子直径远小于光波波长时,产生瑞利散射,其特征是散射光强与入射光波长的 4 次方成反比,并与散射角度有关,其中背向散射最强。散射在光纤内连续发生,利用不同散射区不同散射机理产生的散射光,可以实现温度和应变的连续(分布式)传感。

2) 光纤中的透射传感

基于背向散射光的光纤传感,受限于散射光强度以及调制解调设备,通常来说只能做到百千米量级的测距,因此,难以真正地应用于全球或者大陆尺度的地震学研究。目前的应用案例主要聚焦于局部尺度的研究工作。透射光强度约是散射光的百万倍,具有更长的传播距离,是长距离振动传感的一个重要方向,目前已经在如下两个方面取得了一定突破。

一是利用透射光偏振(或极化)状态变化实现振动传感。光波是一种横波,它的光矢量与传播方向垂直,偏振指示了光矢量的角度。光在光纤中传播,输入端光的偏振态(State of Polarization,SOP)和输出端是不一样的;如果光纤没有受到干扰,输出端 SOP 是稳定的;但如果受到影响,偏振会不断变化。电信公司通过监视输出端 SOP 的变化,检测光缆状态或校正信号失真。陆地光缆的 SOP 比较混乱,与陆地温差大、环境噪声强有关,海底光缆的 SOP 则相对比较稳定。从谷歌公司对海底光缆的长期监测发现,光缆的 SOP 有时会发生显著变化,Zhan 等(2021)研究发现这是由海浪或地震波的应力扰动造成的,并发展出从中检测地震和应力变化的方法。他们从谷歌公司长上万千米海底通信光缆的 SOP 数据中,在 10mHz~5Hz 频带检测到了海底中强地震以及海水涨落引起的应力变化。

二是利用透射光的相位变化进行振动传感。振动引起的光纤形变,也会影响透射光的传播时间(即相位变化)。Marra 等(2018)基于超稳定的激光干涉技术实现了透射光相位振动传感。他们利用海底光纤链路,将相位超稳定的 1Hz 窄带激光注入光纤一端,在光纤尽头经另外一根光纤回路返回发射端,与入射光进行干涉处理,检测相位变化。由于使用了超稳定激光和用于下一代原子钟时钟比测的高精度频率计量干涉技术(Frequency Metrology Interferometric Techniques,FMIT),该方法可以确保传播时间变化完全来自光纤扰动产生的相位延时。目前,整条光纤只能解调出一条波形记录,能够清楚地辨识出地震的 P 波和 S 波信号;测试的光纤链路最长达 535km,可以探测到 25~18 500km 外的强震;可以通过不同链路的地震信号来实现地震定位。

然而,无论是基于相位还是偏振状态的透射光振动传感,目前都无法实现分布式探测。激光向前传播时,光纤上的振动同时对散射光和前向透射光产生影响。虽然散射光是不断产生的,且每束散射光都有位置标识(即快轴时间),但是前向传播的透射光只有一束,因此不同位置振动的影响都被叠加在一起,很难准确判断光纤哪个区域有振动以及它对透射光变化有多大贡献。Marra 等(2018)的传感方法需要相位超稳定的激光,且同时占据两条光纤,成本相对较高;不过由于其利用两条传感光纤同时接收振动,具有冗余信息,或许将来可以进一步发展以实现分布式传感。Zhan 等(2021)的 SOP 方法只使用单条通信光纤的偏振状态监测数据,更难实现分布式传感;但它不需要独占光纤,不涉及通信数据安全,数据量小,无额外的硬件成本,可传感距离更长。这些优势也许有助于其在不远的将来实现低成本大范围海啸预警的应用,因为光缆在海底不易受破坏,且检测事件快速,所以光纤 SOP 振动传感有可能会比现有海啸预警系统更可靠、更快速(Zhan et al.,2021)。

8.2.2 DAS 的原理与性质

不同于关注温度和应变扰动的 DTS 和 DSS,DAS 通过测量动态应变(应变率)来间接获取振动响应。根据散射传感机理(图 8-4),布里渊散射和瑞利散射都对应变扰动敏感,且布里渊散射在空间分辨率上更具优势(Masoudi and Newson,2016),但是瑞利散射的散射能量更强,振动探测距离和频率范围也更大,因此瑞利散射机制被当前主流商业 DAS 产品所采用。此外,尽管温度对瑞利散射也有影响,但考虑到 DAS 测量振动扰动过程温度变化相对缓慢,因此对高频应变测量影响不大,本章只讨论基于瑞利散射的振动传感;不过需要注意的是,对于低频振动测量或者温度快速变化测量环境,温度有可能会对 DAS 测量结果产生较大的影响(Ide et al.,2021)。

1)DAS 观测系统

DAS 观测系统如图 8-5 所示,由光纤和调制解调器(Interrogator Unit,IU)组成,使用瑞利背向散射光(Rayleigh Back Scattering,RBS),不仅能量强、受入射光干扰小,而且发射和接收可以单端集成而简化仪器和野外工作。光纤作为传感部件,可以使用普通的单模或多模(仅部分 IU)光纤,无须额外的电力供应,具有架设简单、环境耐受性好(宽泛的工作温度、防水和抗强电磁干扰等)、寿命长(不低于 20 年)和廉价等优点。由激光生成器、光调制器、光解调器和环形器等集成的 IU 是 DAS 观测系统中最重要、最核心的组成部分,其有多种硬件架构,但大致可分为光时域反射法(Optical Time Domain Reflectometry,OTDR)和光频率域反射法(Optical Frequency Domain Reflectometry,OFDR)两大类。它们在激光调制和 RBS 解调有比较大的差别,如 OTDR 一般使用脉冲激光,OFDR 使用扫频或白光(宽频)激光,然后分别在时间域或频率域,利用 RBS 的振幅、偏振、频率、相位或相关性获得光纤应变或温度变化(Fan,2018)。不同的架构对 DAS 的灵敏度、测量距离、频带范围等参数有一定的影响,目前市场主流的 DAS 产品主要使用相位信息测量振动,常用的方法为相干光时域反射法(Coherent OTDR,C-OTDR)、相位敏感光时域反射法(Phase-sensitive OTDR,φ-OTDR)或者相关光频率域反射法(Coherent OFDR,C-OFDR)3 种。

利用散射光相位变化测量振动的基本原理比较简单。光源产生的连续激光经过调制器后生成高度相关的窄带脉冲光(时间宽度为 τ),并通过环形器重复注入光纤,形成类似一个光柱在光纤中向前传播。光柱的长度 $L_0 = \tau c$(c 是光纤折射光的视光速),称为 DAS 的空间分辨率。L_0 越窄,空间分辨率越高,但散射光能量也越弱,会影响探测距离。在一个探测脉冲周期内,t_1 和 t_2 时刻光柱的位置分布在 $t_1 \times c$ 和 $t_2 \times c$(图 8-4 中的 A 和 B),它们光柱所在位置产生的背向散射光分别在 $2t_1$ 和 $2t_2$ 时刻返回光纤起点。光柱须在一个探测周期内完成整条光纤的传播,因此把一个探测周期内的时间称为快轴时间,可用于确定光柱(或散射)所在的位置。

8 应用光缆的智能感知和地下工程监测

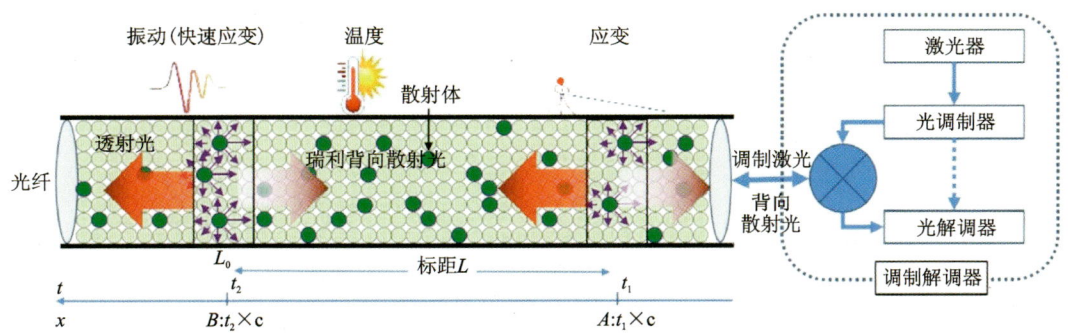

图8-4 DAS观测系统示意图(王伟君等,2022;深红色和浅红色箭头分别指示透射光和背向散射光传播方向)

在周期性发射探测激光时,通常将发射时间称为慢轴,传播距离(空间)称为快轴,因此,散射信号可以转变为时间(慢轴)和空间(快轴)的二维序列(图8-5)。虽然散射光振幅整体上会随着距离增加而衰减,但由于散射体是随机分布的,因此散射光的振幅和相位会存在局部的起伏涨落。在光源稳定,即光纤所处环境没有变化的情况下,散射光是稳定的,相同位置不同时间的相对相位不会变化;但如果光纤受到应变扰动,散射体位置的微弱变化会导致散射光的振幅和相位都发生相应变化。其中相位的变化与应变关系更接近线性表达,因此散射光的相位变化常被用于振动的精准

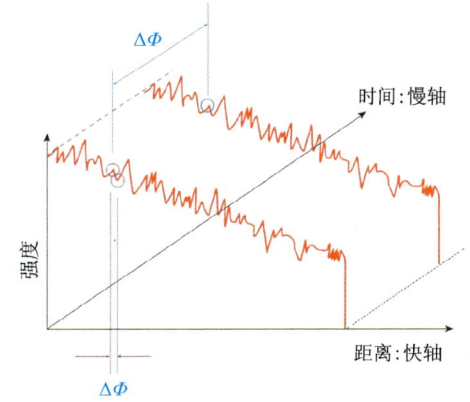

图8-5 背向瑞利散射光信号的振幅-时间序列
(Lindsey and Martin 2021)

测量。为了提高探测灵敏度,DAS往往将相隔一定距离L(标距)的两个散射区(如图8-4中的A、B和图8-5中的2个紫色圆圈)的散射光进行组合叠加,测量标距长度内的应变或动态应变。DAS有不同的相位变化测量方案:从相同空间不同时间的RBS信号中测量(图8-5,沿慢轴的差分),或者从同一测量脉冲相邻空间的RBS信号中获得(图8-5,沿快轴方向)。其中,沿着快轴,被测量的是光学相位(即应变);沿慢轴,被测量的是两个脉冲间隔的相位变化(即应变率)。

2) DAS传感特性

DAS传感特性由解调器与传感光纤两部分决定,其中前者的影响较大,且后者往往不可控。下面主要讨论DAS几个方面的传感特性。

(1)方向响应。DAS具有标距测量模式,且仅对光纤轴向应变敏感,这些特点导致不同频率、不同入射角和不同类型的地震波对DAS观测有很大的影响。由于P波和S波的质点运动极性不同,它们的DAS响应函数存在明显差异(图8-6)。P波和S波的最佳入射角度分别与光纤平行(0°)和斜交(45°);当光纤走向发生变化或非平面波入射,将会使密集观测振幅出现较大的起伏,不利于数据分析。

因此和传统地震仪相比,DAS像是一长串单分量检波器,其分量方向与光纤的展布方向有关:如果是垂直向下布设,它就是垂直向检波器;水平布设,就是水平向检波器,并且方向随

· 103 ·

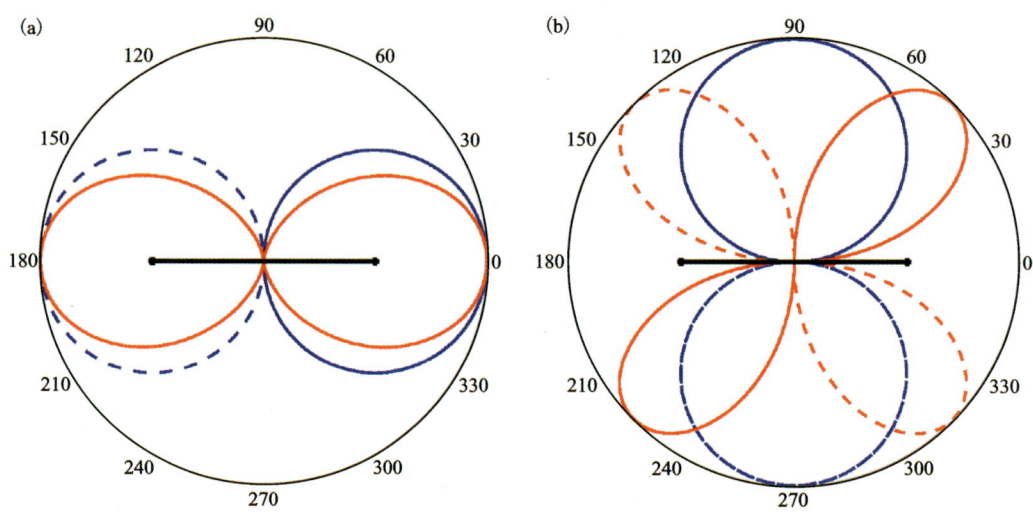

图 8-6 地震波的 DAS 响应函数图示（红线表示 DAS 对沿水平轴（黑线）对齐的光纤的地震波的方向敏感性，实线和虚线分别表示正和负，传统地震仪水平分量的方向灵敏度以蓝线表示；Lindsey and Martin, 2021）

(a)P 波；(b)S 波

着光纤的弯曲而变化。因此可以利用光纤良好的几何可塑性，将一条或多条光纤构架成一定的几何形态，如特定的螺旋/直线几何组合，就可以实现多分量分布式振动测量（Ning and Sava,2017,2018）。值得一提的是，虽然该方法的可行性获得了理论和数值分析的证明，但由于结构的严苛和复杂，实际应用仍存在困难。

(2) 空间分辨率和空间采样率。如前所述，空间分辨率主要取决于发射脉冲的持续时间，即相当于探测激光光柱的长度。探测激光的能量和脉冲宽度成正比，增加脉冲宽度提高探测光的强度，即可提高 DAS 的测距，但会降低空间分辨率。此外，由于标距测量模式，DAS 的空间分辨率也受标距的影响，长标距可以提高测量灵敏度，但将降低空间分辨率。空间采样率在 DAS 系统中一般能够灵活设置，可以大于也可以小于空间分辨率；小于空间分辨率时，产生的信号会彼此不独立。

(3) 时间采样率。DAS 的时间分辨率往往需要考虑光纤长度和探测激光脉冲宽度。时间采样周期需要大于激光脉冲时宽，并且保证激光可以完成光纤两端的往返。因此提高测量距离，将增大采样周期（即降低时间采样率）。

(4) 应变分辨率（灵敏度）。DAS 可测量的最小应变值取决于返回光信号的载波信噪比。载波电信号强度主要由光信号的幅度决定，而噪声则是多种来源的组合，包括激光噪声、电子噪声和检测器噪声。

(5) 动态范围和频带范围。在应变分辨率确定的情况下，DAS 的动态范围与光纤允许的最大变形和相位变化的跟踪范围有关。DAS 的频带范围优势比较突出，在高频可优于声波（如大于或等于 20kHz），在低频端已有应用发现可低于 0.001Hz（Becker et al.,2017；Becker and Coleman,2019）。这意味着 DAS 在频带上有潜力覆盖从岩石微裂隙发育的高频微震事件至断层蠕滑、裂隙开合等低频慢地震事件的监测。

但需要说明的是,由于激光噪声、组件耦合、算法挑战以及 DAS 地震学实验数量有限等原因,DAS 的带宽、动态范围、白噪声水平和许多其他传感特性,目前还没有像传统地震仪(Clinton and Heaton,2002)那样得到充分探索。

8.3 在探测与监测工程中的应用

根据文献计量学分析,DAS 在诸多领域已经开展了相关研究工作,其中包括光纤仪器与传感技术、光纤传感信号的处理、油气生产与人工智能,以及光纤传感的地震学应用。针对绿色地质勘察这一地震学主题,下面介绍光纤传感在地下介质探测与监测领域取得的应用进展。

8.3.1 浅地表结构成像

浅层结构与人类的生存和发展密切相关,特别是城市的浅层空间,对于城市安全、可持续发展至关重要。城市地震小区划、活断层探测、地面沉降与塌陷监测、地下空间开发和城市规划等都迫切需要地下浅层数百米内结构的清晰图像。浅层探测并非易事,特别是在城市区域,传统勘探受到建筑阻挡、噪声干扰,探测成本高、探测效果差。

DAS 给浅层勘探,尤其是城市地震学工作的开展带来了新的机遇。城市光纤资源最为丰富,大量光缆(主要是通信光缆)充斥于道路、桥梁和楼宇等建筑之下,为 DAS 的应用提供了可利用的密集观测网。虽然城市地下光缆大多是套管铺设的,但实验表明这些非理想耦合套管光缆可以用于地震学研究:Ajo-Franklin 等(2019)利用地震事件对比了不同安装环境的光纤,发现耦合良好的光纤 DAS 记录频带更宽,甚至包含近地表高频散射波能量;而套管光纤在 0.1~10Hz 频带的信号和密切耦合光纤记录相似;主动源实验结果也表明,套管光纤能够有效记录高频气枪信号(王宝善等,2021)。

此外,DAS 密集采集使它拥有强大的台阵分析能力,能更有效应对人文复杂噪声环境,识别和分离有用信号等。例如,城市具有复杂的交通噪声源,对于单台地震仪,其记录的就是一片噪声信号,难以提取有效信息;但在 DAS 监测下则可以展示出有序的速度、方向等移动矢量,进而可以获得通行量或车型等信息(Ajo-Franklin et al.,2019;Jakkampudi et al.,2020;Lindsey et al.,2020a;Wang et al.,2020;Wang et al.,2021)。城市异常声源,如打雷诱发的地面运动(Zhu et al.,2021),可以被 DAS 系统有效跟踪和分析。非法侵入安保、油气水管线泄漏检测等早期的 DAS 应用,随着 AI 技术的引入(Jakkampudi et al.,2020),对振动类型或属性(如挖掘、车辆等)的识别和区分更为快速可靠,进一步展示出 DAS 在浅层空间探测的应用潜力(Zhu et al.,2021)。

Jousset 等(2019)通过冰岛 15km 通信光缆的 DAS 记录最先发现本地地震和地脉动噪声波形在一些位置存在振幅、持续时间和相位的异常,记录了断裂带激发的断层围陷波。他们估算出其中最显著的断裂破碎带的宽度在 60m 左右,地震波在其中的视传播速度为 340m/s,低于围岩 30%~40%。根据类似波形特征,他们还发现了几条新的断裂带。Lindsey 等(2019)利用加州近海 20km 的通信光缆接收到小震波场,也发现类似的异常波形,其中一些位置与已知的断裂位置吻合;由此他们推断该区域存在多处未知的断裂带[图 8-7(a)~(c)]。

Cheng 等(2021)用该光缆的噪声记录,提取了 Scholte 波多阶频散曲线,反演出海底浅部沉积的高分辨率二维横波速度图像,获得浅层断层带和海底沉积特征及其显著的横向差异信息[图 8-7(d)]。Li 等(2021)用 10km 长的通信光纤 DAS 记录分析美国加利福尼亚州 2019 年 Rridgecrest 地震的余震时,也发现光纤下方有几处类似信号,推测存在未知隐伏断裂带。

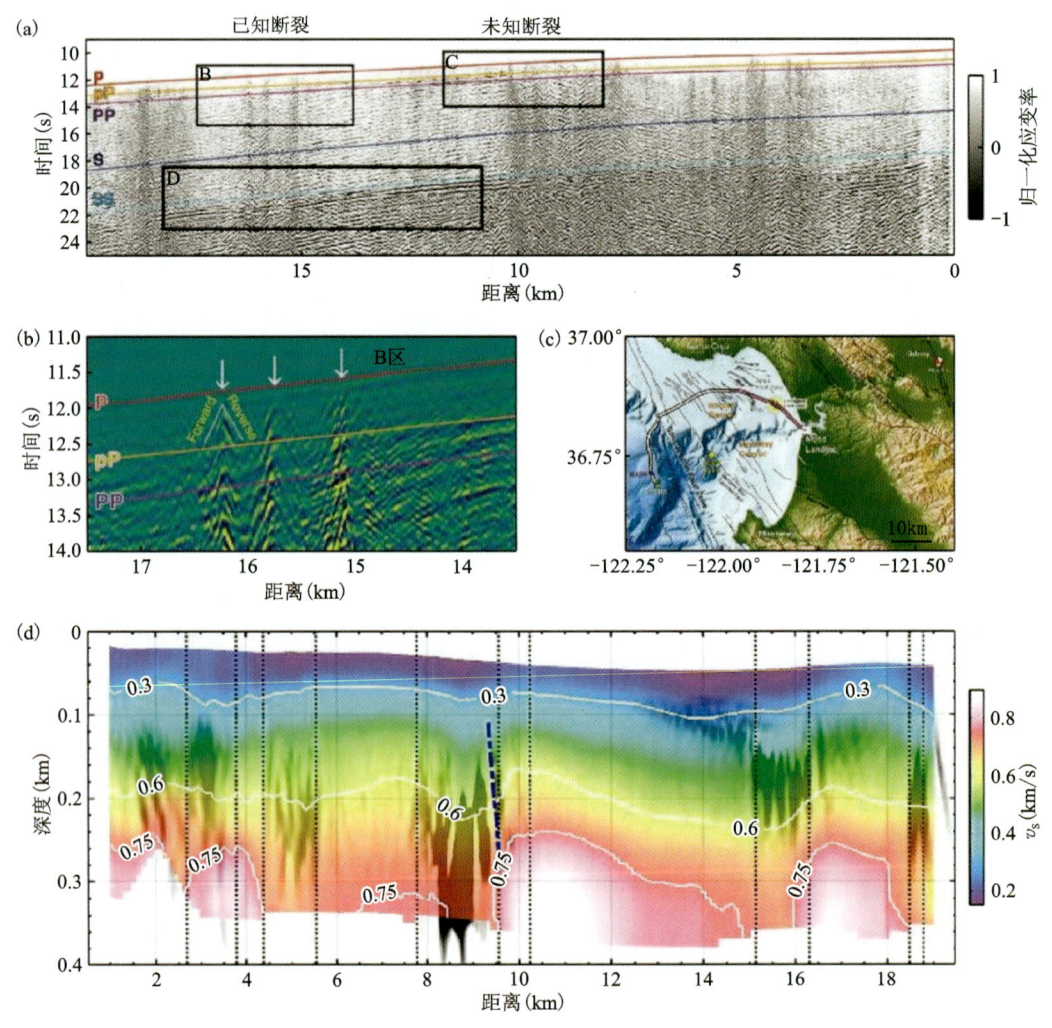

图 8-7 美国加州 Monterey 湾区的 MARS DAS 实验

[(a)~(c)修改自 Lindsey et al.,2019;(d)修改自 Cheng et al.,2021]

(a)MW3.4 Gilory 地震的 DAS 波形记录和预测的地震震相到时(不同颜色线条),海岸在距离为 0 处;(b)为 B 区已知断裂波形的放大;(c)MARS 光缆、已知断层和 Gilroy 地震分布图,DAS 只有其中 20km 光缆(粉色);(d)叠加 v_S 反演和反向散射 Scholte 波偏移的综合结果。背景灰度图显示自然偏移结果;正面彩色图像为 v_S 结果,蓝色虚线代表 Kirchof 偏移结果,黑色虚线表示从自相关图像观察到的水平不连续性,注意此图海岸在左边

DAS 在浅层速度结构探测中具有明显的应用优势。地下水平铺设的光纤,相当于密集的单分量水平检波器阵列,适用于现有的各种主动、被动源面波和体波勘探方法。通常使用小孔径台阵处理方法(如多道面波分析方法,MASW),利用落锤、汽车通过等主动源激发的面波、天然地震激发的面波(Luo et al.,2020;宋政宏等,2020;Yuan et al.,2020)或背景噪声互

相关提取的短周期面波频散曲线(Zeng et al.,2017;林融冰等,2020),反演台阵下方浅层数十米至数百米的 S 波速度结构。在有少量三分量地震仪同步观测的基础上,还可以构造出 DAS 的噪声 H/V(水平与垂直分量谱比)曲线,与频散曲线联合约束 S 波速度结构(Spica et al.,2020)。由于 DAS 可以几十千米长距离同时采集,利用已有的光纤,它探测成像效率要远远高于常规的检波器探测手段。Cheng 等(2023a)利用长约 28km 的"黑"光纤所记录的城市背景噪声数据,基于 DAS 背景噪声地震干涉技术,成功实现对帝王谷盆地近 30km 长剖面精细浅层横波速度成像,并获取了高分辨率、高精度 v_S30 剖面(图 8-8),为研究该地震活动区域的场地响应及地震灾害评估提供了强有力支撑。

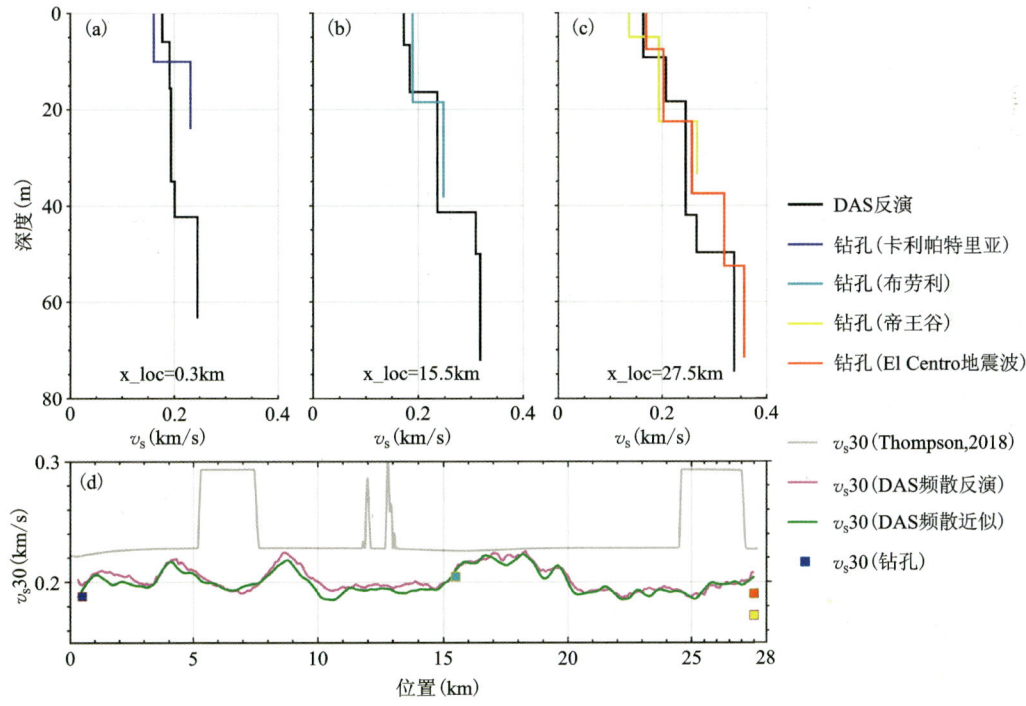

图 8-8 美国加州帝王谷盆地浅层横波速度成像结果(Cheng et al.,2023a)。
(a)～(c)DAS 获取横波速度与钻井剖面对比;(d)DAS 估计的高分辨率 v_S30 剖面(红色与绿色曲线)与美国地质调查局(USGS)提供的基于地形起伏估计的 v_S30 剖面(灰色曲线)对比

DAS 宽频带性能有助于提高浅层勘探深度。Yuan 等(2020)将背景噪声和地震信号联合来获得更宽频带的面波频散曲线,提高 S 波速度结构反演深度和分辨率。Shragge 等(2021)用近海城市光缆记录噪声提取了低频面波信号(0.04～1.80Hz),认为通过 DAS 噪声分析能够获得深达 500m 的浅层结构信息。因此,利用已有的光缆和 DAS 长距离密集采集,能够大幅度降低浅层探测野外工作成本,提高探测空间分辨率,更廉价快速地获得城市高分辨率的浅层结构图像,为地震场地分类、城市地下空间探查等应用服务。

8.3.2 深部结构成像

目前 DAS 数据应用于地壳、地幔等深部结构成像的研究相对较少。Trainor-Guitton 等(2019)利用移动可控震源、井下固定光纤组合开展内华达州 Brady 地热 4D 监测,并结合地震勘探数据,对地热断层进行三维反射率成像,识别出地下3条断层的位置和形态。Yu等(2019)基于长约20km光纤记录的一个远震数据评估了DAS深部应用的可能性;借助附近一个常规地震台,他们获得了DAS接收函数,有效识别了莫霍面Ps转换波;提取了部分震相(如大振幅面波)的密集走时信息以及20~50s的路径平均瑞利波群速度。Cheng等(2023)利用长约28km的"黑"光纤所记录的两天被动源DAS数据,基于背景噪声干涉技术,成功对位于加利福尼亚州的一个地热储层进行了成像,同时也解释了可能存在的断层带,并通过v_P/v_S剖面佐证了结果的可靠性(图8-9)。这些工作表明,DAS在深部结构研究领域具有广阔的应用前景。

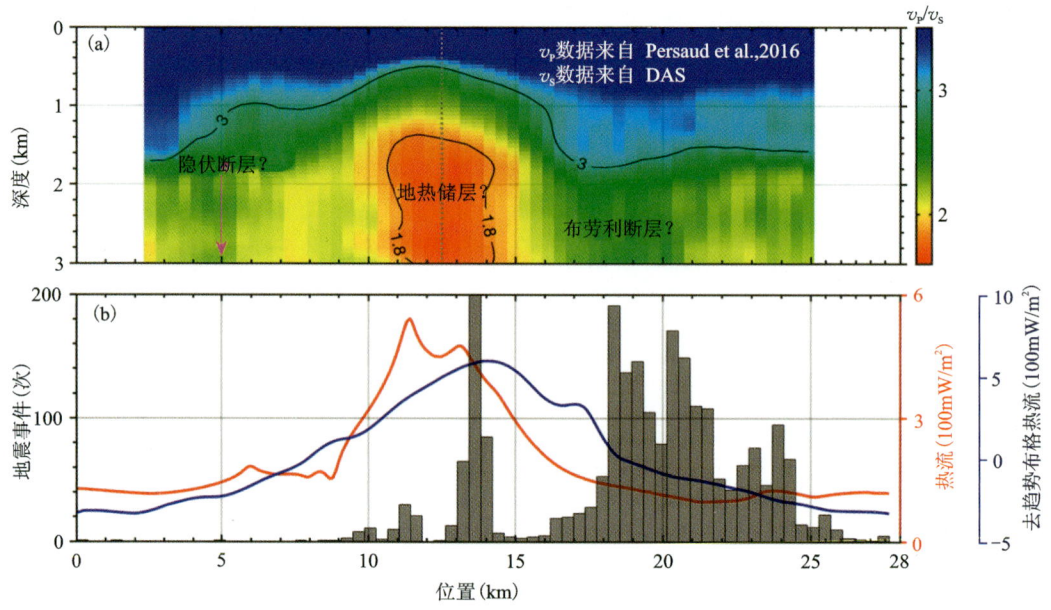

图8-9 美国加州Brawley地热储层和断层成像结果(Cheng et al.,2023)

(a)v_P/v_S剖面;(b)微震活动、热流与去趋势布格重力异常沿DAS的分布

8.3.3 介质属性时变动态监测

利用DAS频带和密集监测的优势,可以克服单分量测量和灵敏度低的不足,改善震源反演、结构成像和介质动态变化监测等方面的应用(Zhan et al.,2020)。井下监测是DAS最早的地震学监测应用。垂直布设的井下光纤类似于单分量垂向检波器串,但具有更强的环境适应性和更高的空间采集密度;此外光纤可以一缆多用,实现振动、温度和应变综合分布式传感(Karrenbach et al.,2019)。因此光纤传感有逐渐取代检波器的趋势。井下DAS应用可分为垂直地震剖面(Vertical Seismic Profiling,VSP)、地震监测和储层特性研究3类(Mateeva et al.,2014;Lellouch et al.,2021)。介质时变分析的DAS VSP应用,目前在成像方面已经优于传统手段(Lellouch et al.,2021),能够胜任对CO_2存储和油气开采等过程中的地下介质时变监测(Mateeva et al.,2017;Isaenkov et al.,2021)。井下地震监测可以避免地表浅层复杂介质对地震波的影响,而且更接近震源区,有利于微震检测,用于发现压裂诱发的地下裂隙发育。对比研究表明(Lellouch et al.,2020),井下DAS能识别的微震数量要优于地表观测,但少于井下检波器串观测:DAS完备震级可以到-1.4,而检波器串可以至-1.7;检测差异与

DAS 灵敏度和检测方法有关。得益于密集空间采集，DAS 检测的微震定位精度要优于检波器串（Webster et al.，2016）。利用观测的几何分布、传统地震仪的标定辅助等措施，特别是多井和地表联合观测，井下 DAS 能够测定地震震源机制和震级，并进一步改进结构成像、介质动态监测以及地震事件检测等的精度和可靠性（Grandi et al.，2017；Molteni et al.，2017；Cole and Karrenbach，2019）。

水平铺设光缆的 DAS 时变动态监测应用相对较少，这应该与水平光缆 DAS 观测起步较晚、应用场景和数据积累较少有关。Dou 等（2017）利用二百多米"L"形布设的光纤噪声记录，监测 3 个星期内的浅层介质变化。他们认为这个观测系统可以较好地约束浅层 20m 深度范围内 S 波速度，并且可重复性地监测到 2% 的速度变化，足以反映浅层含水量或冻土比例的变化。而 Ajo-Franklin 等（2019）采用短期 DAS 噪声数据，却没能提取出与实际水位变化有关的浅层 30m 范围内的速度变化。Fang 等（2020）利用 13.3km 外采石场的重复爆炸，通过信号处理降低 DAS 测量噪声、噪声场变化和震源小波的影响，监测到光纤附近地下室挖掘引起的近地表速度的显著变化（13.2%）。Tsuji 等（2021）开发了一种基于小型震源和 DAS 的新型连续监测系统。他们使用部署在陆上地热田和近海区域的光纤电缆，大面积（多库区）、高精度（时变监测误差小于 0.01%）、高空间分辨率连续监测到地热作业和降雨引起的孔隙压力变化。Cheng 等（2022）研究了利用永久安装的光纤地震台网进行冻土监测的可行性。他们在美国阿拉斯加州进行冻土可控融化实验期间，使用永久性地表轨道振动源和二维 DAS 光缆阵列进行了为期 2 个月的冻土解冻监测，观察到了加热区下方冻土层明显的剪切波速度降低（图 8-10）。

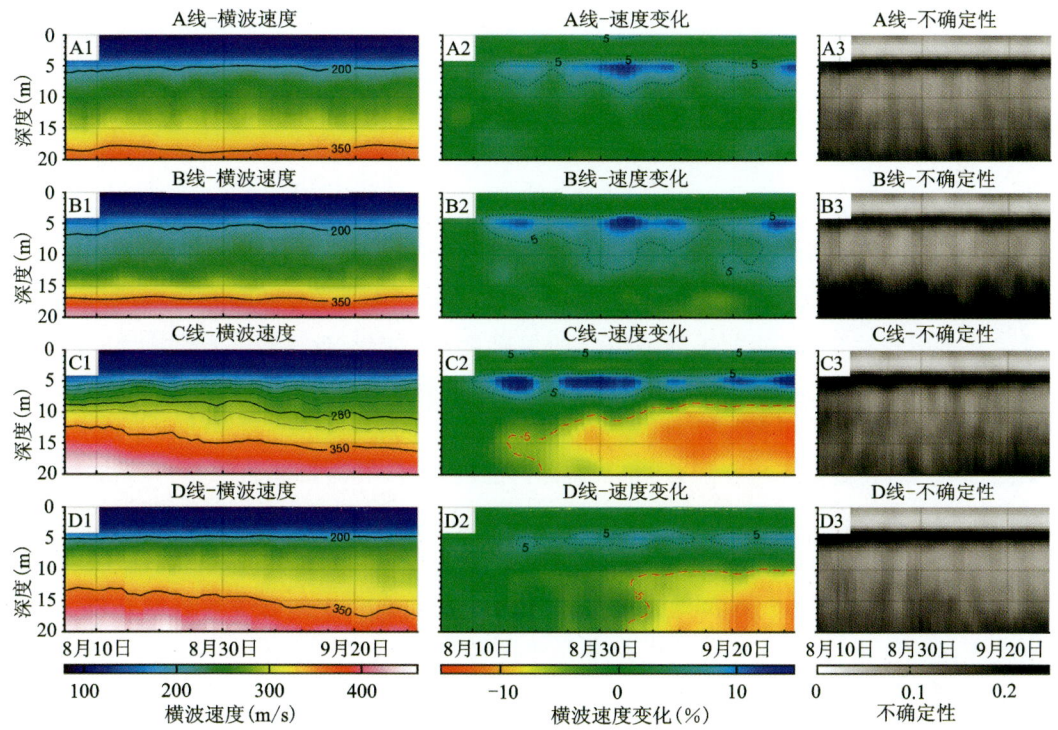

图 8-10　美国阿拉斯加州冻土可控融化实验的 4 条不同 DAS 光缆（Cheng et al.，2022；左列为随时间变化的 v_S 模型，中间列为以第一天 v_S 模型为参考的随时间变化的 v_S 扰动，右列为 v_S 模型随时间变化的不确定性）

8.4 DAS技术未来展望

DAS具有全新的振动测量机理,并有潜力改变现有的地震勘探模式或地震监测格局。在迫切需要密集监测的地震地质灾害高风险区和缺乏有效监测手段的海洋、冰川、火山,甚至外太空行星等地区,应用光纤传感有其独特的优势,也是当前推动它们发展新型地下介质探测与监测方法技术的最好契机。

DAS虽然已在很多研究领域已经得到了成功应用,但学者们在实际工作中也发现了一系列问题。

第一,最值得关注的就是DAS的信号质量问题。早期DAS的信号可靠性论证是在实验室环境下测试开展的(Parker et al.,2014)。学者们利用共址布设的检波器、短周期地震仪和宽频带地震仪对DAS的波形记录进行了比对,认为DAS可靠性较高(Daley et al.,2013;Lindsey et al.,2020b;Paitz et al.,2021;Wang et al.,2018),但是这些对比工作都是在环境已知、条件良好的试验环境下进行的。

第二,DAS传感的光缆耦合问题也有待研究。实际采集环境中,光缆的耦合条件是未知的,很多情况下光缆并不一定具备较好的耦合条件,这些复杂且未知的耦合条件可能会对采集地震数据的质量产生严重影响。例如,对于井中DAS观测而言,保证信号质量最佳的布设方式是在钻井的套管外安装布设,其次是在油管壁布设,最差是采用悬挂方式布设。尽管悬挂方式布设施工便利,但是往往面临严重的振荡噪声干扰(Martuganova et al.,2021;Yu et al.,2018)。利用现有通信光缆开展DAS研究也同样面临类似的问题,城市通信光缆主要布设于各类型的管廊或管道中,存在大量的悬空布设段(Song et al.,2021),难以保证光缆与周边介质的耦合情况。虽然有研究表明,摆放于地面的弱耦合光缆也能记录主被动源地震信号(林融冰等,2022;Spikes et al.,2019;Zeng et al.,2022),但是波形可靠性还需要更深入的分析。

第三,DAS的仪器响应函数仍有待厘清。尽管很多理论测试声称DAS具备极宽的频率响应,然而不同制造商、不同批次的调制解调器所表现的仪器响应函数并不相同。现阶段制造商本身也无法进行仪器响应函数的精准标定。因此,联合材料学、结构力学、地震学和光纤传感技术等多门相关学科,对光纤传感信号的保真度和响应函数进行系统性标定与定量校正,是将DAS应用于波形反演类研究的前提,也是光纤传感地震学走向定量研究的必经之路(刘辉等,2022)。

第四,DAS的大数据革命。随着DAS监测网络的展开,观测数据的传输、存储和处理,同样也将会面临巨大的挑战。在相同采样率的条件下,DAS以10m间隔进行一条50km的光缆的数据采集,其产生的数据量(5000道)就远超中国大陆目前所有固定测震台站的数据总和(1000多个台站,3000多道/分量)。如此海量的数据,必将改变我们传统的数据处理方法,带动数据处理向并行化、云计算和智能化的新处理技术发展(Arrowsmith et al.,2022)。因此,光纤振动传感,不仅带来地震数据采集的革命,也将带来地震数据挖掘和分析技术的全面进步。

主要参考文献

曹健,陈景波,2019.移动线源的 Green 函数求解及辐射能量分析:高铁地震信号简化建模[J].地球物理学报,62(6):2303-2312.

陈伟,郭楷模,岳芳,等,2020.世界主要经济体能源战略布局与能源科技改革[J].中国科学院院刊,35(1):115-117.

方朝刚,章诚诚,滕龙,等,2023.下扬子无为盆地异常高压富氦天然气的发现及其成藏地质条件[J].地质学报,97(5):1641-1654.

郭建强,2003.地质灾害勘查地球物理技术手册[M].北京:地质出版社.

郭建强,武毅,曹福祥,等,2001.西北地区孔隙地下水矿化度评价的地球物理方法研究与应用[J].地球学报,22(4):375-379.

黄润秋,陈国庆,唐鹏,2017.基于动态演化特征的锁固段型岩质滑坡前兆信息研究[J].岩石力学与工程学报,36(3):521-533.

蒋一然,宁杰远,温景充,等,2022.高铁地震波场中的多普勒效应及应用[J].中国科学:地球科学,52(3):438-449.

瞿辰,刘晓宇,于常青,等,2020.青藏高原 S 波速度和泊松比层析成像[J].地球物理学报,63(10):3640-3653.

瞿辰,杨文采,于常青,2010.井间高分辨率纵横波层析成像研究井间油藏[J].地球物理学报,53(12):2944-2954.

瞿辰,杨文采,于常青,2013.塔里木盆地地震波速扰动及泊松比成像[J].地学前缘,20(5):196-206.

瞿婧晶,龚绪龙,梅芹芹,等,2023.苏州市区多种地下地质资源协同开发利用研究[J].地质论评,69(5):1859-1868.

李大心,1994.探地雷达在滑坡调查中的作用[J].中国地质灾害与防治学报,(S1):6.

李华,王东辉,2017.不同物理和几何参数条件下滑坡要素的地质雷达探测响应研究[J].工程地质学报,25(4):1057-1064.

李万伦,陈晶,贾凌霄,等,2022.玄武岩 CO_2 地质封存研究进展[J].地质论评,68(2):10.

林君,薛国强,李貅,2021.半航空电磁探测方法技术创新思考[J].地球物理学报,64(9):2995-3004.

林融冰,包丰,谢军,等,2022.光缆布设方式对 DAS 主、被动源记录的影响[J].地球物理学报,65(10):4087-4098.

林融冰,曾祥方,宋政宏,等,2020.分布式光纤声波传感系统在近地表成像中的应用Ⅱ:背景噪声成像[J].地球物理学报,63(4):1622-1629.

刘国峰,刘语,孟小红,等,2021.被动源面波和体波成像在内蒙古浅覆盖区勘探应用[J].地球物理学报,64(3):937-948.

刘辉,李静,迟本鑫,2022.基于应变率的分布式光纤声波传感全波形反演研究[J].地球物理学报,65(9):3584-3598.

刘建华,刘福田,吴华,1989.中国南北带地壳和上地幔的三维速度图象[J].地球物理学报,32(2):143-152.

刘磊,蒋一然,2019.大量高铁地震事件的属性体提取与特性分析[J].地球物理学报,62(6):2313-2320.

刘晓宇,杨文采,陈召曦,等,2023.三维成像揭示的青藏高原地壳流体层分布[J].地质论评,69(5):1661-1668.

牟永光,2007.地震数据处理方法[M].北京:石油工业出版社.

彭建兵,吴迪,段钊,等,2016.典型人类工程活动诱发黄土滑坡灾害特征与致灾机理[J].西南交通大学学报,51(5):971-980.

阮百尧,葛为中,1997.奇异值分解法与阻尼最小二乘法的对比[J].物探化探计算技术,19(1):46-49.

石永祥,温景充,宁杰远,2022.高铁震源地下介质成像的理论分析[J].中国科学:地球科学,52(5):893-902.

宋政宏,曾祥方,徐善辉,等,2020.分布式光纤声波传感系统在近地表成像中的应用Ⅰ:主动源高频面波[J].地球物理学报,63(2):532-540.

唐辉明,2022.重大滑坡预测预报研究进展与展望[J].地质科技通报,41(6):1-13.

唐辉明,李长冬,龚文平,等,2022.滑坡演化的基本属性与研究途径[J].地球科学,47(12):4596-4608.

王帮兵,王佳馨,田钢,等,2020.電極のランダム分布に基づく三次元高密度電気比抵抗測定方法及び探査システム:特願2020-531163[P].2020-6-9.

王帮兵,王佳馨,田钢,等,2020.一种电极随机分布式高密度电阻率测量方法及勘探系统:CN201810348248.5[P].2018-4-18.

王宝善,曾祥方,宋政宏,等,2021.利用城市通信光缆进行地震观测和地下结构探测[J].科学通报,66:1-6.

王春辉,查恩来,田运涛,等,2013.低频地质雷达新技术在滑坡勘查中的试验研究[J].地球物理学进展,28(2):1057-1063.

王春镭,吴庆举,段永红,等,2017.华北地壳上地幔结构及其大地震深部构造成因[J].中国科学:地球科学,47(6):684-719.

王光,林国宇,2020.改进的自适应参数DBSCAN聚类算法[J].计算机工程与应用,56(14):45-51.

王路,汪鹏,王翘楚,等,2022.稀土资源的全球分布与开发潜力评估[J].科技导报,40(8):27-39.

主要参考文献

王之洋,李幼铭,白文磊,2020.基于高铁震源简化桥墩模型激发地震波的数值模拟[J].地球物理学报,63(12):4473-4484.

温景充,宁杰远,张献兵,2019.高铁地震波场特点的理论分析[J].北京大学学报:自然科学版,55(5):813-822.

温景充,石永祥,宁杰远,2021.高铁地震面波相速度频散曲线提取[J].地球物理学报,64(9):3246-3256.

吴一丁,彭子龙,赖丹,等,2023.稀土产业链全球格局现状、趋势预判及应对战略研究[J].中国科学院院刊,38(2):255-264.

伍育红,2015.聚类算法综述[J].计算机科学,42(S1):491-499,524.

徐善辉,郭建,李培培,等,2017.京津高铁列车运行引起的地表振动观测与分析[J].地球物理学进展,32(1):421-425.

徐兴倩,苏立君,梁双庆,2015.地球物理方法探测滑坡体结构特征研究现状综述[J].地球物理学进展,30(3):1449-1458.

杨成林,陈宁生,施蕾蕾,2008.探地雷达在赵子秀山滑坡裂缝探测中的应用[J].物探与化探,32(2):220-224.

杨文采,1989.地球物理反演与地震层析成像[M].北京:地质出版社.

杨文采,1991.应用于地质勘探和矿产开发的地震层析成象[J].中国地质(7):22-25.

杨文采,1995.地震层析成象在工程勘查中的应用[J].物探与化探,17:182-192.

杨文采,1997.地球物理反演的理论与方法[M].北京:地质出版社.

杨文采,2012.反射地震学理论纲要[M].北京:石油工业出版社.

杨文采,2023.东亚地壳上地幔三维属性成像图导言[M].北京:地质出版社.

杨文采,2024.地球内部可能利用的天然氢气[J].科技导报,42(15):7-14.

杨文采,焦富光,1987.利用联合反演技术进行反射地震的波速成象[J].地球物理学报,30(6):617-627.

杨文采,瞿辰,任浩然,等,2019b.青藏高原地壳地震纵波速度扰动的层析成像[J].地质论评,65(1):2-14.

杨文采,李幼铭,1993.应用地震层析成像[M].北京:地质出版社.

杨文采,刘晓宇,陈召曦,等,2022.从高分辨率地震层析成像看青藏高原软流圈的物质运动[J].地球科学,47(10):1-10.

杨文采,田钢,夏江海,等,2019a.华南丘陵地区城市地下空间开发利用的前景研究[J].中国地质,46(3):447-454.

杨文采,徐义贤,张罗磊,等,2015.塔里木地体大地电磁调查和岩石圈三维结构[J].地质学报,89(7):1151-1161.

杨云芳,张作宏,傅军,2009.边坡滑动范围和深度的探地雷达勘定[J].浙江理工大学学报,26(3):395-398.

姚姚,2002.地球物理反演基本理论与应用方法[M].武汉:中国地质大学出版社.

姚姚,2006.地震波场与地震勘探[M].北京:地质出版社.

叶勇,2008.三维约束Dix反演层速度方法及其应用研究[J].石油地球物理勘探(4):367-368,443-446.

殷常阳,石永祥,伍晗,等,2022.基于合成数据对高铁震源虚拟道集生成方法的验证[J].北京大学学报(自然科学版),58(5):820-828.

于德浩,宋清波,肖辉,等,2017.特定工程岩石坚硬程度划分探讨[C]//国家安全地球物理丛书(十三)——军民融合与地球物理.

曾昆,李晓芃,沈紫云,等,2022.我国新材料产业集群发展战略研究[J].中国科学院院刊,37(3):343-351.

曾祥芝,杨文采,2020.基于变系数声波方程的地震深度偏移[J].应用数学学报,43(6):924-938.

曾昭发,刘四新,冯晅,2010.探地雷达原理与应用[M].北京:电子工业出版社.

张厚柱,杨慧珠,徐秉业,1995.用遗传算法反演层速度[J].石油地球物理勘探(5):633-644,718.

张唤兰,王保利,宁杰远,等,2019.高铁地震数据干涉成像技术初探[J].地球物理学报,62(6):2321-2327.

张旭苹,2013.全分布式光纤传感技术[M].北京:科学出版社.

张亚天,2018.浙江大学紫金港校区主干道路及校门建设工程岩土工程勘察报告[R].杭州:浙江城建勘察研究院有限公司.

张舟,张宏福,2012.基性、超基性岩:二氧化碳地质封存的新途径[J].地球科学,37(1):156-162.

中华人民共和国水利部,2014.工程岩体分级标准:GB/T 50218—2014[S].北京:中国计划出版社.

AESCHBACH-HERTIG,W,GLEESON,T,2012. Regional strategies for the accelerating global problem of groundwater depletion[J]. Nature Geoscience,5(12):853-861.

AJO-FRANKLIN,J B,DOU S,LINDSEY N J,et al.,2019. Distributed acoustic sensing using dark fiber for near-surface characterization and broadband seismic event detection[J]. Scientific Reports,9(1):1328.

ALHASANAT M B,WAN-HUSSIN W M A,HASSANAT A B A,2011. Combining multi-frequency GPR images and new algorithm to determine the location of non-linear objects with civil engineering applications[C]. PIERS Proceedings,Marrakesh,Morocco.

ARCHIE G E,1942. The electrical resistivity log as an aid in determining some reservoir characteristics[J]. Transactions of the American Institute of Mining,Metallurgical,and Petroleum Engineers,146:54-62.

ARROWSMITH S J,TRUGMAN D T,MACCARTHY J,et al.,2022. Big data seismology[J]. Reviews of Geophysics,60(2):e2021RG000769.

BARNHARDT W A,KAYEN R E,2000. Radar structure of earthquake-induced,coastal landslides in Anchorage,Alaska[J]. Environmental Geosciences,7(1):38-45.

BECKER M W, CIERVO C, COLE M, et al., 2017. Fracture hydromechanical response measured by fiber optic distributed acoustic sensing at milliHertz frequencies[J]. Geophysical Research Letters, 44(14):7295-7302.

BECKER M W, COLEMAN T I, 2019. Distributed acoustic sensing of strain at Earth tide frequencies[J]. Sensors, 19(9):E1975.

BEDNARCZYK Z, 2019. Evaluating landslide remediation methods used in the Carpathian Mountains, Poland[J]. Environmental & Engineering Geoscience, 25(4):272-288.

BENSEN G D, RITZWOLLER M H, BARMIN M P, et al., 2007. Processing seismic ambient noise data to obtain reliable broad-band surface wave dispersion measurements[J]. Geophysical Journal International, 169(3):1239-1260.

BICHLER A, BOBROWSKY P, BEST M, et al., 2004. Three-dimensional mapping of a landslide using a multi-geophysical approach: The Quesnel Forks landslide[J]. Landslides, 1(1):29-40.

BLOCK D, 2001. Water resistivity atlas of Western Canada[C]. Canadian Society of Petroleum Geologists Annual Convention.

BOWLING R D, LAYA J C, EVERETT M E, 2018. Resolving carbonate platform geometries on the island of Bonaire, Caribbean Netherlands through semi-automatic GPR facies classification[J]. Geophysical Journal International, 214(1):687-703.

BRENGUIER F, BOUÉ P, BEN-ZION Y, et al., 2019. Train traffic as a powerful noise source for monitoring active faults with seismic interferometry[J]. Geophysical Research Letters, 46:9529-9536.

BRODSKY E E, GORDEEV E, KANAMORI H, 2003. Landslide basal friction as measured by seismic waves[J]. Geophysical Research Letters, 30(24).

CHAMBERS J E, WILKINSON P B, KURAS O, et al., 2011. Three-dimensional geophysical anatomy of an active landslide in Lias Group mudrocks, Cleveland Basin, UK[J]. Geomorphology, 125(4):472-484.

CHEN G, YANG W, LIU Y, et al., 2022. Envelope-based sparse constrained deconvolution for velocity model building[J]. IEEE Transactions on Geoscience and Remote Sensing, 60:1-13.

CHEN Q F, LI L, LI G, et al., 2004. Seismic features of vibration induced by train[J]. Acta Seismologica Sinica, 17(6):715-724.

CHENG F, AJO-FRANKLIN J B, NAYAK A, et al., 2023. Using dark fiber and distributed acoustic sensing to characterize a geothermal system in the Imperial Valley, Southern California[J]. Journal of Geophysical Research: Solid Earth, 128:e2022JB025240.

CHENG F, CHI B, LINDSEY N J, et al., 2021. Utilizing distributed acoustic sensing and ocean bottom fiber optic cables for submarine structural characterization[J]. Scientific Reports, 11(1):5613.

CHENG F, DRAGANOV D, XIA J, et al., 2018. Q-estimation using seismic interferometry from vertical well data[J]. Journal of Applied Geophysics,159:16-22.

CHENG F,LINDSEY N J,SOBOLEVSKAIA V,et al.,2022. Watching the cryosphere thaw:Seismic monitoring of permafrost degradation using distributed acoustic sensing during a controlled heating experiment[J]. Geophysical Research Letters,49:e2021GL097195.

CHENG F,XIA J,BEHM M,et al.,2019. Automated data selection in the tau-p domain:Application to passive surface wave imaging[J]. Surveys in Geophysics,40(5):1211-1228.

CHENG F,XIA J,LUO Y,et al.,2016. Multichannel analysis of passive surface waves based on cross-correlations[J]. Geophysics,81(5):EN57-EN66.

CHENG F,XIA J,SHEN C,et al.,2018. Imposing active sources during high-frequency passive surface-wave measurement[J]. Engineering,4(5):685-693.

CHENG F,XIA J,XU Z,et al.,2018. Frequency-wavenumber(FK)-based data selection in high-frequency passive surface wave survey[J]. Surveys in Geophysics,39(4):661-682.

CHENG F,XIA J,ZHANG K,et al.,2021. Phase-weighted slant stacking for surface wave dispersion measurement[J]. Geophysical Journal International,226:256-269.

CIST D B,2015. Merged ground penetrating radar display for multiple antennas:U. S. Patent No. 8,957,809[P]. Washington,DC:U. S. Patent and Trademark Office.

CLAPP R G,SAVA P,CLAERBOUT J F,1998. Interval velocity estimation with a null-space[R]. Stanford Exploration Project[D]. Stanford:Stanford University.

CLINTON J F,HEATON T H,2002. Potential advantages of a strong-motion velocity meter over a strong-motion accelerometer[J]. Seismological Research Letters,73(3):332-342.

COLE S,KARRENBACH M,2019. Multi-well DAS observations for hydraulic fracture monitoring[J]. European Association of Geoscientists & Engineers(1):1-4.

DALEY T M,FREIFELD B M,AJO-FRANKLIN J,et al.,2013. Field testing of fiber-optic distributed acoustic sensing (DAS) for subsurface seismic monitoring[J]. The Leading Edge,32(6):699-706.

DIX C H,1955. Seismic velocities from surface measurements[J]. Geophysics,20(1):68-86.

DOBSON M C,ULABY F T,HALLIKAINEN M T,et al.,1985. Microwave dielectric behavior of wet soil-Part II:Dielectric mixing models[J]. IEEE Transactions on Geoscience and Remote Sensing,23(1):35-46.

DONG Z B,WANG X M,LIU L Y,2000. Wind erosion in arid and semiarid China:An overview[J]. Journal of Soil and Water Conservation,55:439-444.

DOU S,LINDSEY N,WAGNER A M,et al.,2017. Distributed acoustic sensing for seismic monitoring of the near surface:A traffic-noise interferometry case study[J]. Scientific Reports,7(1):11620.

DRAHOR M G,GÖKTÜRKLER G,BERGE M A,et al.,2006. Application of electrical resistivity tomography technique for investigation of landslides:A case from Turkey[J].

Environmental Geology,50(2):147-155.

EBRAHEEM M W,BAYLESS E R,KROTHE N C,1990. A study of acid mine drainage using earth resistivity measurements[J]. Groundwater,28:361-368.

EGBERT G D,YANG B,BEDROSIAN P A,et al.,2022. Fluid transport and storage in the Cascadia forearc influenced by overriding plate lithology[J]. Nature Geoscience,15(8):17.

ESTER M,KRIEGEL H P,SANDER J,et al.,1996. A density-based algorithm for discovering clusters in large spatial databases with noise[C]. Proceedings of the 2nd ACM International Conference on Knowledge Discovery and Data Mining (KDD),USA,Oregon:226-231.

FAN,X,2018. Distributed Rayleigh Sensing: In handbook of optical fibers[M]. Singapore:Springer.

FANG G,LI Y E,ZHAO Y,et al.,2020. Urban near-surface seismic monitoring using distributed acoustic sensing[J]. Geophysical Research Letters,47(6):e2019GL086115.

FORBRIGER T,2003. Inversion of shallow-seismic wavefields:I. Wavefield transformation[J]. Geophysical Journal International,153(3):719-734.

FUCHS F,BOKELMANN G,GROUP A A W,2018. Equidistant spectral lines in train vibrations[J]. Seismological Research Letters,89(1):56-66.

GAMBA P,LOSSANI S,2000. Neural detection of pipe signatures in ground penetrating radar images[J]. IEEE Transactions on Geoscience and Remote Sensing,38(2):790-797.

GANCE J,LEITE O,LAJAUNIE M,et al.,2021. Dense 3D electrical resistivity tomography to understand complex deep landslide structures[C]. EGU General Assembly Conference Abstracts:EGU21-14522.

GAO L,XIA J,PAN Y,et al.,2016. Reason and condition for mode kissing in MASW method[J]. Pure and Applied Geophysics,173(5):1627-1638.

GARY M,TAPAN J D,2009. Rock physics handbook[M]. Cambridge:Cambridge University Press.

GHOLAMI A,ZABIHI NAEINI E,2019. 3D Dix inversion using bound-constrained total variation regularization[J]. Geophysics,84(3):R311-R320.

GRANDI S,DEAN M,TUCKER O,2017. Efficient containment monitoring with distributed acoustic sensing:Feasibility studies for the former Peterhead CCS Project[J]. Energy Procedia,114:3889-3904.

GROSS L,SOUEID AHMED A,REVIL A,2021. Induced polarization of volcanic rocks. 4. Large-scale induced polarization imaging[J]. Geophysical Journal International,225(2):950-967.

HAHSLER M,PIEKENBROCK M,DORAN D,2019. dbscan:Fast density-based clustering with R[J]. Journal of Statistical Software,91(1):1-30.

HAJNAL Z,SEREDA I T,1981. Maximum uncertainty of interval velocity estimates

[J]. Geophysics,46(11):1543-1547.

HAMLIN H S,DE LA ROCHA L,2015. Using electric logs to estimate groundwater salinity and map brackish groundwater resources in the Carrizo-Wilcox Aquifer in South Texas[J]. Gulf Coast Association of Geological Societies Journal,4:109-131.

HARTOG A,2017. An introduction to distributed optical fiber sensors[M]. Boca Raton:CRC Press.

HASKELL N A,1953. The dispersion of surface waves on multilayered media[J]. Bulletin of the Seismological Society of America,43:17-34.

HIBERT C,GRANDJEAN G,BITRI A,et al.,2012. Characterizing landslides through geophysical data fusion: Example of the La Valette Landslide (France)[J]. Engineering Geology,128:23-29.

HUANG J,ZHAO D,2006. High-resolution mantle tomography of China and surrounding regions[J]. Journal of Geophysical Research,111:B09305.

IDE S,ARAKI E,MATSUMOTO H,2021. Very broadband strain-rate measurements along a submarine fiber-optic cable off Cape Muroto,Nankai subduction zone,Japan[J]. Earth,Planets and Space,73(1):63.

ISAENKOV R,PEVZNER R,GLUBOKOVSKIKH S,et al.,2021. An automated system for continuous monitoring of CO_2 geosequestration using multi-well offset VSP with permanent seismic sources and receivers: Stage 3 of the CO_2 CRC Otway Project[J]. International Journal of Greenhouse Gas Control,108:103317.

JAKKAMPUDI S,SHEN J,LI W,et al.,2020. Footstep detection in urban seismic data with a convolutional neural network[J]. The Leading Edge,39(9):654-660.

JONGMANS D,GARAMBOIS S,2007. Geophysical investigation of landslides: A review[J]. Bulletin de la Société Géologique de France,178(2):101-112.

JOUSSET P,REINSCH T,RYBERG T,et al.,2018. Dynamic strain determination using fibre-optic cables allows imaging of seismological and structural features[J]. Nature Communications,9(1):2509.

JUPP D L B,VOZOFF K,1975. Stable Iterative methods for the inversion of geophysical Data[J]. Geophysical Journal International,42(3):957-976.

KANNAUJIYA S,CHATTORAJ S L,JAYALATH D,et al.,2019. Integration of satellite remote sensing and geophysical techniques (electrical resistivity tomography and ground penetrating radar) for landslide characterization at Kunjethi (Kalimath): Garhwal Himalaya,India[J]. Natural Hazards,97(3):1-18.

KARRENBACH M,COLE S,RIDGE A,et al.,2019. Fiber-optic distributed acoustic sensing of microseismicity,strain and temperature during hydraulic fracturing[J]. Geophysics,84(1):D11-D23.

KEEFER D K,2002. Investigating landslides caused by earthquakes—a historical review

[J]. Surveys in Geophysics,23(6):473-510.

KLEMPERER S L,1989. Deep seismic reflection profiling and the growth of the continental crust[J]. Tectonophysics,161(3-4):232-244.

KLEMPERER S L,MOONEY W D,1998. Deep seismic profiling of the continents,Ⅱ:A global survey[J]. Tectonophysics,288(1-4):1-269.

KOREN Z,RAVVE I,2006. Constrained Dix inversion[J]. Geophysics,71(6):R113-R130.

LANDA E,THORE P,SORIN V,et al.,1991. Interpretation of velocity estimates from coherency inversion[J]. Geophysics,56(9):1377-1383.

LAPENNA V,LORENZO P,PERRONE A,et al.,2003. High-resolution geoelectrical tomographies in the study of Giarrossa landslide (southern Italy)[J]. Bulletin of Engineering Geology and the Environment,62(3):259-268.

LAVOUÉ F,COUTANT O,BOUÉ P,et al.,2021. Understanding seismic waves generated by train traffic via modeling:Implications for seismic imaging and monitoring[J]. Seismological Society of America,92(1):287-300.

LECOCQ T,HICKS S P,VAN NOTEN K,et al.,2020. Global quieting of high-frequency seismic noise due to COVID-19 pandemic lockdown measures[J]. Science,369(6509):1338-1343.

LELLOUCH A,BIONDI B L,2021. Seismic applications of downhole DAS[J]. Sensors,21(9):2897.

LELLOUCH A,LINDSEY N J,ELLSWORTH W L,et al.,2020. Comparison between distributed acoustic sensing and geophones:Downhole microseismic monitoring of the FORGE geothermal experiment[J]. Seismological Research Letters,91(6):3256-3268.

LI S,XU Y,YANG B,et al.,2024. Evaluating the groundwater quality in Northern Tarim Basin by resistivity inverted from magnetotelluric data[J]. Journal of Applied Geophysics,221:105285.

LI Y,MAYSAMI M,2009. Dix inversion constrained by L1-norm optimization[J]. Stanford Exploration Project[D]. Stanford:Stanford University.

LI Z,SHEN Z,YANG Y,et al.,2021. Rapid response to the 2019 Ridgecrest earthquake with distributed acoustic sensing[J]. AGU Advances,2(2):e2021AV000395.

LINDSEY N J,DAWE T C,AJO-FRANKLIN J B,2019. Illuminating seafloor faults and ocean dynamics with dark fiber distributed acoustic sensing[J]. Science,366(6469):1103-1107.

LINDSEY N J,MARTIN E R,2021. Fiber-optic seismology[J]. Annual Review of Earth and Planetary Sciences,49(1):309-336.

LINDSEY N J,RADEMACHER H,AJO-FRANKLIN J B,2020b. On the broadband instrument response of fiber-optic DAS arrays[J]. Journal of Geophysical Research:Solid Earth,125(2):e2019JB018145.

LINDSEY N J,YUAN S,LELLOUCH A,et al.,2020a. City-scale dark fiber DAS measurements of infrastructure use during the COVID-19 pandemic[J]. Geophysical Research Letters,47(16):e2020GL089931.

LISSAK C, MAQUAIRE O, MALET J P, et al., 2015. Ground-penetrating radar observations for estimating the vertical displacement of rotational landslides[J]. Natural Hazards and Earth System Sciences,15:1399-1406.

LIU Y, XIA J, CHENG F, et al., 2020. Pseudo-linear-array analysis of passive surface waves based on beamforming[J]. Geophysical Journal International,221:640-650.

LIU Y, XIA J, XI C, et al., 2021. Improving the retrieval of high-frequency surface waves from ambient noise through multichannel-coherency-weighted stack[J]. Geophysical Journal International,227(2):776-785.

LOBKIS O I, WEAVER R L, 2001. On the emergence of the Green's function in the correlations of a diffuse field[J]. Journal of the Acoustical Society of America,110:3011-3017.

LOKE M H, WILKINSON P B, GANCE J, et al., 2022. Measurement and inversion strategies for 3-D resistivity surveys with vector arrays[J]. Geophysical Prospecting,70:578-592.

LUO B, JIN G, LELLOUCH A, 2020. Estimation of seismic velocity and layer thickness of Eagle Ford Formation using microseismic guided waves in downhole distributed acoustic sensing records[C]. The 2020 SEG Technical Program Expanded Abstracts, Society of Exploration Geophysicists.

LUO Y, XIA J, LIU J, et al., 2009. Research on the MASW middle-of-the-spread-results assumption[J]. Soil Dynamics and Earthquake Engineering,29(1):71-79.

LUO Y, XIA J, MILLER R D, et al., 2008. Rayleigh-wave dispersive energy imaging by high-resolution linear Radon transform[J]. Pure and Applied Geophysics,165(5):903-922.

MANTOVANI F, SOETERS R, VAN WESTEN C J, 1996. Remote sensing techniques for landslide studies and hazard zonation in Europe[J]. Geomorphology,15(3-4):213-225.

MARASCHINI M, ERNST F, FOTI S, et al., 2010. A new misfit function for multimodal inversion of surface waves[J]. Geophysics,75(4):G31-G43.

MARONE F, VAN DER LEE S, GARDINI D, 2004. Three dimensional upper-mantle S-velocity model for the Eurasia-Africa region[J]. Geophysical Journal International,158:109-130.

MARRA G, CLIVATI C, LUCKETT R, et al., 2018. Ultrastable laser interferometry for earthquake detection with terrestrial and submarine cables[J]. Science,361(6401):486-490.

MARTUGANOVA E, STILLER M, BAUER K, et al., 2021. Cable reverberations during wireline distributed acoustic sensing measurements: Their nature and methods for elimination[J]. Geophysical Prospecting,69(5):1034-1054.

MASOUDI A, NEWSON T P, 2016. Contributed review: Distributed optical fibre dynamic strain sensing[J]. Review of Scientific Instruments,87(1):011501.

MATEEVA A,LOPEZ J,CHALENSKI D,et al. ,2017. 4D DAS VSP as a tool for frequent seismic monitoring in deep water[J]. The Leading Edge,36(12):995-1000.

MATEEVA A, LOPEZ J, POTTERS H, et al. , 2014. Distributed acoustic sensing for reservoir monitoring with vertical seismic profiling[J]. Geophysical Prospecting,62:679-692.

MAURYA V P,GUPTA S M,MISHRA A,et al. ,2024. Three-dimensional electric-field vector resistivity imaging for deep subsurface fractures network in heterogeneous crystalline rocks[J]. Geophysical Journal International,236:305-321.

MCCRORY P A,et al. ,2012. Juan de Fuca slab geometry and its relation to Wadati-Benioff zone seismicity[J]. Journal of Geophysical Research:Solid Earth,117(B9):B09306.

MCMECHAN G A, YEDLIN M J, 1981. Analysis of dispersive waves by wave field transformation[J]. Geophysics,46:869-874.

MEJU M A,2000. Geoelectrical investigation of old/abandoned,covered landfill sites in urban areas:Model development with a genetic diagnosis approach[J]. Journal of Applied Geophysics,44:115-150.

MI B, HU Y, XIA J, et al. , 2019. Estimation of horizontal-to-vertical spectral ratios (ellipticity) of Rayleigh waves from multistation active-seismic records[J]. Geophysics,84(6):EN81-EN92.

MI B,XIA J,SHEN C,et al. ,2017. Horizontal resolution of multichannel analysis of surface waves[J]. Geophysics,82(3):EN51-EN66.

MI B,XIA J,SHEN C,et al. ,2018. Dispersion energy analysis of Rayleigh and Love waves in presence of low-velocity layers in near-surface seismic surveys[J]. Surveys in Geophysics,39(2):271-288.

MOLTENI D, WILLIAMS M J, WILSON C, 2017. Detecting microseismicity using distributed vibration[J]. First Break,35:51-55.

NIETHAMMER U,JAMES M R,ROTHMUND S,et al. ,2012. UAV-based remote sensing of the Super-Sauze landslide:Evaluation and results[J]. Engineering Geology,128:2-11.

NING I L C,SAVA P,2017. Multicomponent distributed acoustic sensing:concept and theory[J]. Geophysics,82(2):1-49.

NING I L C, SAVA P, 2018. High-resolution multi-component distributed acoustic sensing[J]. Geophysical Prospecting,66(6):1111-1122.

PAITZ P,EDME P,GRäFF D,et al. ,2021. Empirical investigations of the instrument response for distributed acoustic sensing (DAS) across 17 octaves[J]. Bulletin of the Seismological Society of America,111(1):1-10.

PANG J,CHENG F,SHEN C,et al. ,2019. Automatic passive data selection in time domain for imaging near-surface surface waves[J]. Journal of Applied Geophysics,162:108-117.

PARKER T, SHATALIN S, FARHADIROUSHAN M, 2014. Distributed acoustic sensing-A new tool for seismic applications[J]. First Break,32(2):61-69.

QUIROS D A,BROWN L D,KIM D,2016. Seismic interferometry of railroad induced ground motions:body and surface wave imaging[J]. Geophysical Journal International,205:301-313.

SASS O,BELL R,GLADE T,2008. Comparison of GPR,2D-resistivity and traditional techniques for the subsurface exploration of the Öschingen landslide,Swabian Alb (Germany)[J]. Geomorphology,93(1-2):89-103.

SCHUBERT E,SANDER J,ESTER M,et al.,2017. DBSCAN revisited,revisited:Why and how you should (still) use DBSCAN[J]. ACM Transactions on Database Systems,42(3):1-21.

SHAW M R,MILLARD S G,MOLYNEAUX T C K,et al.,2005. Location of steel reinforcement in concrete using ground penetrating radar and neural networks[J]. Ndt & E International,38(3):203-212.

SHEN C,WANG A,WANG L,et al.,2015. Resolution equivalence of dispersion-imaging methods for noise-free high-frequency surface-wave data[J]. Journal of Applied Geophysics,122:167-171.

SHRAGGE J,YANG J,ISSA N,et al.,2021. Low-frequency ambient distributed acoustic sensing (DAS):Case study from Perth,Australia[J]. Geophysical Journal International,226(1):564-581.

SIMMONS N A,MYERS S C,JOHANNESSON G,et al.,2012. LLNL-G3Dv3:Global P wave tomography model for improved regional and teleseismic travel time prediction[J]. Journal of Geophysical Research,117:B10302.

SNIEDER R,2004. Extracting the Green's function from the correlation of coda waves:A derivation based on stationary phase[J]. Physical Review E,69:046610.

SONG Z,ZENG X,XIE J,et al.,2021. Sensing shallow structure and traffic noise with fiber-optic internet cables in an urban area[J]. Surveys in Geophysics,42:1401-1423.

SPICA Z J,PERTON M,MARTIN E R,et al.,2020. Urban seismic site characterization by fiber-optic seismology[J]. Journal of Geophysical Research:Solid Earth,125(3):e2019JB018656.

SPIKES K T,TISATO N,HESS T E,et al.,2019. Comparison of geophone and surface-deployed distributed acoustic sensing seismic data[J]. Geophysics,84(2):A25-A29.

STEPHENS M J,SHIMABUKURO D H,GILLESPIE J M,et al.,2019. Groundwater salinity mapping using geophysical log analysis within the Fruitvale and Rosedale Ranch oil fields,Kern County,California,USA[J]. Hydrogeology Journal,27:731-746.

STUCCHI E,MAZZOTTI A,2009. 2D seismic exploration of the Ancona landslide (Adriatic Coast,Italy)[J]. Geophysics,74(5):B139-B151.

STUMMER P,MAURER H,GREEN A,2004. Experimental design:Electrical resistivity data sets that provide optimum subsurface information[J]. Geophysics,69:120-139.

SU H,KANG W D,KANG N,et al.,2021. Hydrogeochemistry and health hazards of fluoride-enriched groundwater in the Tarim Basin, China[J]. Environmental Research, 200: 111476.

THOMPSON E, 2018. An updated v_S30 map for California with geologic and topographic constraints[R]. US Geological Survey Data Release.

THOMSON W T, 1950. Transmission of elastic waves through a stratified solid medium [J]. Journal of Applied Physics, 21: 89-93.

TRAINOR-GUITTON W, GUITTON A, JREIJ S, et al., 2019. 3D imaging of geothermal faults from a vertical DAS fiber at Brady Hot Spring, NV USA[J]. Energies, 12(7): 1401.

TRALLI D M, BLOM R G, ZLOTNICKI V, et al., 2005. Satellite remote sensing of earthquake, volcano, flood, landslide and coastal inundation hazards[J]. ISPRS Journal of Photogrammetry and Remote Sensing, 59(4): 185-198.

TRONICKE J, ALLROGGEN N, 2015. Toward automated delineation of ground-penetrating radar facies in clastic sediments: An example from stratified glaciofluvial deposits [J]. Geophysics, 80(4): A89-A94.

TSUJI T, IKEDA T, MATSUURA R, et al., 2021. Continuous monitoring system for safe managements of CO_2 storage and geothermal reservoirs[J]. Scientific Reports, 11 (1): 19120.

UHLEMANN S, CHAMBERS J, WILKINSON P, et al., 2017. Four-dimensional imaging of moisture dynamics during landslide reactivation[J]. Journal of Geophysical Research: Earth Surface, 122(1): 398-418.

UNSWORTH M J, LU X, WATTS M D, 2000. CSAMT exploration at Sellafield: Characterization of a potential radioactive waste disposal site[J]. Geophysics, 65: 1070-1079.

WANG B, WANG J, TIAN G, et al., 2020. Prospecting method and instrument system of the three-dimensional electrical resistivity tomography based on random distribution of electrodes: No. US 11,262,472B2[P]. U.S. Patent.

WANG B, WANG J, TIAN G, et al., 2020. Three-dimensional high-density resistivity measurement method based on electrode random distribution and exploration system: No. 18915130.1[P]. European Patent.

WANG H F, ZENG X, MILLER D E, et al., 2018. Ground motion response to an ML4.3 earthquake using co-located distributed acoustic sensing and seismometer arrays[J]. Geophysical Journal International, 213(3): 2020-2036.

WANG J, WU G, CHEN X, 2019. Frequency-Bessel transform method for effective imaging of higher-mode Rayleigh dispersion curves from ambient seismic noise data[J]. Journal of Geophysical Research, 124: 3708-3723.

WANG X, WILLIAMS E F, KARRENBACH M, et al., 2020. Rose parade seismology: Signatures of floats and bands on optical fiber[J]. Seismological Research Letters, 91(4): 2395-2398.

WANG X, ZHAN Z, WILLIAMS E F, et al., 2021. Ground vibrations recorded by fiber-optic cables reveal traffic response to COVID-19 lockdown measures in Pasadena, California [J]. Communications Earth & Environment, 2(1): 160.

WAPENAAR K, FOKKEMA J, 2006. Green's function representations for seismic interferometry [J]. Geophysics, 71: SI33-SI46.

WEBSTER P, MOLENAAR M, PERKINS C, 2016. DAS Microseismic fiber-optic locating DAS microseismic events and errors [R]. CSEG Recorder.

WOODHOUSE J H, DZIEWONSKI A M, 1984. Mapping the upper mantle: Three-dimensional modeling of earth structure by inversion of seismic waveforms [J]. Journal of Geophysical Research, 89: 5953-5986.

XI C, MI B, DAI T, et al., 2020. Spurious signals attenuation using SVD-based Wiener filter for near-surface ambient noise surface wave imaging [J]. Journal of Applied Geophysics, 183: 104220.

XI C, XIA J, MI B, et al., 2021. Modified frequency-Bessel transform method for dispersion imaging of Rayleigh waves from ambient seismic noise [J]. Geophysical Journal International, 225(2): 1271-1280.

XIA J, CHEN C, LI P H, et al., 2004. Delineation of a collapse feature in a noisy environment using a multichannel surface wave technique [J]. Geotechnique, 54(1): 17-27.

XIA J, CHEN C, TIAN G, et al., 2005. Resolution of high-frequency Rayleigh-wave data [J]. Journal of Environmental and Engineering Geophysics, 10(2): 99-110.

XIA J, MILLER R D, PARK C B, 1999. Estimation of near-surface shear-wave velocity by inversion of Rayleigh waves [J]. Geophysics, 64: 691-700.

XIA J, MILLER R D, PARK C B, et al., 2003. Inversion of high-frequency surface waves with fundamental and higher modes [J]. Journal of Applied Geophysics, 52(1): 45-57.

XIA J, MILLER R D, XU Y, et al., 2009. High-frequency Rayleigh-wave method [J]. Journal of Earth Science, 20(3): 563-579.

XIA J, XU Y X, MILLER R D, 2007. Generating image of dispersive energy by frequency decomposition and slant stacking [J]. Pure and Applied Geophysics, 164(5): 941-956.

XIA J, XU Y, CHEN C, et al., 2006. Simple equations guide high-frequency surface-wave investigation techniques [J]. Soil Dynamics and Earthquake Engineering, 26(5): 395-403.

XIAO J, LIU L, 2015. Permafrost subgrade condition assessment using extrapolation by deterministic deconvolution on multifrequency GPR data acquired along the Qinghai-Tibet railway [J]. IEEE Journal of Selected Topics in Applied Earth Observations and Remote Sensing, 9(1): 83-90.

XU X, LI J, QIAO X, et al., 2019. Fusion of multiple time-domain GPR datasets of different center frequencies [J]. Near Surface Geophysics, 17(2): 141-150.

XU Y, XIA J, MILLER R D, 2006. Quantitative estimation of minimum offset for multichannel surface-wave survey with actively exciting source [J]. Journal of Applied

Geophysics,59(2):117-125.

XU Z,MIKESELL T D,XIA J,et al.,2017. A comprehensive comparison between the refraction microtremor and seismic interferometry method for phase velocity estimation[J]. Geophysics,82(6):EN99-EN108.

XU Z,XIA J,LUO Y,et al.,2016. Misidentification of Love-wave phase velocity based on three-component ambient seismic noise[J]. Pure and Applied Geophysics,173(4):1115-1124.

YANG B,ZHANG A,ZHANG S,et al.,2016. Three-dimensional audio-frequency magnetotelluric imaging of Akebasitao granitic intrusions in Western Junggar,NW China [J]. Journal of Applied Geophysics,135:288-296.

YILMAZ O,1987. Seismic data processing[M]. Tulsa:Society of Exploration Geophysicists.

YILMAZ O,2001. Seismic data analysis[M]. Tulsa:Society of Exploration Geophysicists.

YU C,ZHAN Z,LINDSEY N J,et al.,2019. The potential of DAS inteleseismic studies:Insights from the goldstone experiment[J]. Geophysical Research Letters,46(3):1320-1328.

YU G,CAI Z,CHEN Y,et al.,2018. Borehole seismic survey using multimode optical fibers in a hybrid wireline[J]. Measurement,125:694-703.

YUAN S,LELLOUCH A,CLAPP R G,et al.,2020. Near-surface characterization using a roadside distributed acoustic sensing array[J]. The Leading Edge,39(9):646-653.

ZAJC M,POGACK E,GOSAR A,2017. GPR for detecting interlayer slides in turbidites-Anhovo (W Slovenia)[C]. The 3rd Regional Symposium on Landslides in the Adriatic-Balkan Region,Ljubljana.

ZENG X,LANCELLE C,THURBER C,Et al.,2017. Properties of noise crosscorrelation functions obtained from a distributed acoustic sensing array at Garner Valley,California[J]. Bulletin of the Seismological Society of America,107(2):603-610.

ZENG X,WANG H F,LORD N,et al.,2022. Field trial of distributed acoustic sensing in an active room-and-pillar mine[C]. In AGU monograph:Distributed Acoustic Sensing in Geophysics:Methods and Applications:65-79.

ZHAN Z,2020. Distributed acoustic sensing turns fiber-optic cables into sensitive seismic antennas[J]. Seismological Research Letters,91(1):1-15.

ZHANG H,MI B,LIU Y,et al.,2021. A pitfall of applying one-bit normalization in passive surface-wave imaging from ultra-short roadside noise[J]. Journal of Applied Geophysics,187:104285.

ZHANG S X,CHAN L S,XIA J,2004. The selection of field acquisition parameters for dispersion images from multichannel surface wave data[J]. Pure and Applied Geophysics,161:185-201.

ZHAO W,FORTE E,COLUCCI R R,et al.,2016a. High-resolution glacier imaging and characterization by means of GPR attribute analysis[J]. Geophysical Journal International,206(2):1366-1374.

ZHAO W, FORTE E, FONTOLAN G, et al., 2018. Advanced GPR imaging of sedimentary features: Integrated attribute analysis applied to sand dunes[J]. Geophysical Journal International, 213: 147-156.

ZHAO W, FORTE E, PIPAN M, 2016b. Texture attribute analysis of GPR data for archaeological prospection[J]. Pure and Applied Geophysics, 173(8): 2737-2751.

ZHAO W, TIAN G, FORTE E, et al., 2015. Advances in GPR data acquisition and analysis for archaeology[J]. Geophysical Journal International, 202(1): 62-71.

ZHU T, SHEN J, MARTIN E R, 2021. Sensing earth and environment dynamics by telecommunication fiber-optic sensors: An urban experiment in Pennsylvania, USA[J]. Solid Earth, 12(1): 219-235.

ZIELIŃSKI A, MAZURKIEWICZ E, ŁYSKOWSKI M, et al., 2016. Use of GPR method for investigation of the mass movements development on the basis of the landslide in Kałków[J]. Roads & Bridges/Drogi i Mosty, 15(1): 61-70.

结束语

中华人民共和国成立以来,广大地质从业者从无到有,建立了系统的地质勘查产业,发现了大量的矿产和油气田,为祖国的现代化建设做出了巨大贡献。在党中央绿色经济战略和政府相关部门的指导下,地质勘查也向绿色工程转型,在研发新方法技术方面取得了一定成果。为快速落实绿色地质勘查发展战略,在总结绿色地质勘查与监测新技术方法的基础上,我们提出推广新技术方法,完善技术规范,大幅度减少槽探和钻探对环境的影响;开展城市软土层调查,建设城市软土层资源数据库,支撑城市的可持续发展;开展全面精细的地下资源和地质灾害隐患绿色调查等建议。

一、研发推广新技术方法,完善技术规范,大幅度减少槽探和钻探对环境的影响

绿色地质勘查以创新技术方法驱动为引领,全面提升地质勘查绿色化水平,对可持续高质量发展有重要意义。

传统地质勘探工程,主要是槽探、坑探和钻探,给生态环境带来一些影响,对植被和地貌有一些破坏,对场地和道路带来油污污染和扬尘危害。航空地球物理勘查对环境没有影响,地面地球物理勘查仅对植被有影响,它们的修复成本也相对低廉,都可以成为绿色地质勘查的重要技术方法。因此,用便携式浅钻代替槽探,用地球物理勘查代替大部分钻探工作,应成为绿色地质勘查的主要趋势。目前,低空磁力、重力和电磁法勘探方法,地球浅层地震波速、电阻率和密度的三维成像,地震面波和体波的快速调查,反射地震探地镜和利用城市噪声的勘查技术方法等,都在绿色地质勘查方面取得了应用效果,可以进一步推广和应用。

研发和推广绿色勘查新技术方法,不仅需要政府的支持,还需要对已有技术规范进行调整。例如,通过三维层析成像计算矿块体积方法的应用,可使钻探工作量至少减少60%。但现有的规范规定,必须根据钻探、坑探和槽探的数据来计算矿块体积和储量,却没有根据三维层析成像计算矿块体积的内容,建议通过典型试验补充相关内容。

二、开展城市软土层调查,建设城市软土层资源数据库,支撑城市的可持续发展

目前,土地和空间成为我国东部城市最紧缺的资源。城镇大都位于沉积盆地,了解盆地表面未胶结软土层的组成结构是科学利用城市地下空间资源和韧性发展的基础,也是绿色地质勘查的重要任务。盆地软土层(包括土壤、砂土层、砾石层和风化层等)的地基属性不仅决定了地下空间的使用,还决定了新建楼宇的高度极限,是资源承载力估计的重要数据。

西方国家的大城市早就建立了软土层资源数据库。目前我国虽然建立了土壤剖面数据

库,但是除了上海等极少数城市外,都没有建立城市软土层数据库,也没有政策要求大城市建立相关数据库。

建议全面开展城市软土层调查,并建立相应的数据库。目前,反射地震探地镜技术和随机分布式电法勘查技术都是很好的盆地软土层调查方法。建议我国中东部大城市学习上海的建库经验,在5年内建立软土层属性数据库,优化城市规划方案和可持续发展数据库建设。

三、开展全面精细的地下水资源和地质灾害隐患绿色调查

为应对全球气候变暖和冰川融化造成的淡水资源短缺问题,需要在西北和华北地区开展全面精细的地下水资源调查。目前,大地电磁三维电阻率成像方法已经可以应用于干旱区的地下水资源计算,建议相关政府科教部门支持推广,在10年内完成西北和华北干旱区地下水资源计算,并制定相应的保护政策。

随着全球气候变暖趋势加剧,暴雨等突发事件不断增加,导致滑坡与地面塌陷等地质灾害事件频繁发生,需要在滑坡危险区和塌陷隐患区开展长期监测研究。目前应用光缆的智能感知监测和随机分布跨街电阻率成像等方法可应用于危险隐患区的长期监测。

全面实现绿色地质勘查是一项艰巨的任务,需要政府、产业界和科技界共同努力。中国是世界大国,有深厚的"人与自然和谐相处"的文化底蕴,以及优越的社会主义制度保证,相信绿色地质勘查发展战略目标一定能够全面实现。